上海市工程建设规范

建筑工程“多测合一”技术标准

Technical standard of “multiple measurement in one” for construction engineering

DG/TJ 08—2439—2024

J 17323—2024

主编单位:上海市测绘院

批准部门:上海市住房和城乡建设管理委员会

施行日期:2024 年 5 月 1 日

同济大学出版社

2024 上海

图书在版编目(CIP)数据

建筑工程“多测合一”技术标准 / 上海市测绘院主编. —上海：同济大学出版社，2024.5

ISBN 978-7-5765-1101-7

Ⅰ.①建… Ⅱ.①上… Ⅲ.①建筑测量-技术规范-中国 Ⅳ.①TU198-65

中国国家版本馆 CIP 数据核字(2024)第 060062 号

建筑工程“多测合一”技术标准

上海市测绘院　**主编**

责任编辑　朱　勇
责任校对　徐春莲
封面设计　陈益平

出版发行　同济大学出版社　　www.tongjipress.com.cn
（地址：上海市四平路 1239 号　邮编：200092　电话：021－65985622）
经　　销　全国各地新华书店
印　　刷　浦江求真印务有限公司
开　　本　889mm×1194mm　1/32
印　　张　8
字　　数　200 000
版　　次　2024 年 5 月第 1 版
印　　次　2024 年 5 月第 1 次印刷
书　　号　ISBN 978-7-5765-1101-7
定　　价　80.00 元

上海市住房和城乡建设管理委员会文件

沪建标定〔2023〕662号

上海市住房和城乡建设管理委员会关于批准《建筑工程“多测合一”技术标准》为上海市工程建设规范的通知

各有关单位：

由上海市测绘院主编的《建筑工程“多测合一”技术标准》，经我委审核，现批准为上海市工程建设规范，统一编号为DG/TJ 08—2439—2024，自2024年5月1日起实施。

本标准由上海市住房和城乡建设管理委员会负责管理，上海市测绘院负责解释。

上海市住房和城乡建设管理委员会

2023年11月27日

前言

根据上海市住房和城乡建设管理委员会《关于印发〈2021年现行地方标准、建筑标准设计编制计划〉的通知》（沪建标定〔2020〕771号）的要求，上海市测绘院会同相关单位，按照住建部《工程建设标准编写规定》（建标〔2008〕182号）的要求，广泛调查研究了建筑工程建设和竣工过程中规划土地、建设、交通、绿化市容、民防、消防、房屋等管理部门测量要求，认真总结实践经验，并参考了国内其他省市发布的相关地方标准，在广泛征求意见的基础上，编制形成《建筑工程“多测合一”技术标准》。

本标准主要内容包括：总则；术语；基本规定；控制测量；要素测量；成果计算与制作；成果标准；成果检查验收与提交。

各单位及相关人员在执行本标准过程中，请注意总结经验，积累资料，如有意见和建议，请反馈至上海市规划和自然资源局（地址：上海市北京西路99号；邮编：200003；E-mail：guihuaziyuanfagui@126.com），上海市测绘院（地址：上海市武宁路419号；邮编：200063；E-mail：zgssh@shsmi.cn），上海市建筑建材业市场管理总站（地址：上海市小木桥路683号；邮编：200032；E-mail：shgcbz@163.com），以供今后修订时参考。

主编单位：上海市测绘院

参编单位：上海市道路运输事业发展中心
上海市建设工程安全质量监督总站
上海市民防监督管理事务中心
上海市房地产交易中心
上海市测绘产品质量监督检验站

主要起草人:赵　峰　董治方　谢惠洪　赵万为　张磊晔
许瑞彬　王嘉惠　龙　藤　吴　狄　柯亚男
毛炜青　姚顺福　王　伟　朱　鸣　康　明
舒　琪　金　雯　陈功亮　尹玉廷　郭功举
刘　刚　刘一宁　林木棵　赵嘉青　刘知凡
胡　玥　廖建雄　尤清清

主要审查人:车学娅　董　辉　李建光　林智颖　周　俊
沈建波　周志勇

上海市建筑建材业市场管理总站

目　次

Contents

1 总 则

1.0.1 为了统一本市建筑工程"多测合一"技术要求，确保测量成果质量，满足城乡现代化建设发展、信息化管理和信息资源综合应用的需要，制定本标准。

1.0.2 本标准适用于本市建筑工程开工放样复验以及竣工阶段的规划资源验收、房产、绿地、停车场(库)、民防和消防的测量工作。

1.0.3 本市建筑工程"多测合一"鼓励采用新技术、新工艺和新方法，但应满足本标准的成果质量基本要求。

1.0.4 本市建筑工程"多测合一"除应符合本标准外，尚应符合国家、行业和本市现行有关标准的规定。

2 术语

2.0.1 上海2000坐标系 Shanghai 2000 coordinate system

上海2000坐标系是基于CGCS 2000椭球建立的相对独立的平面坐标系，自2021年1月1日启用。

2.0.2 建筑占地面积 floor space

建筑物底层外围水平投影面积，包括底层的阳台、柱廊、门廊、室外楼梯等水平投影面积。

2.0.3 总平面图 general layout

指按照一定比例绘制，表示建(构)筑物的平面位置以及地形地貌、绿化布置、交通路网和基地临界情况等信息的总体布局图。

2.0.4 基地面积图 base area map

指能直观体现建设项目总体用地面积等信息的图纸。

2.0.5 装饰性阳台 decorative balcony

设置在建筑外墙外，与建筑内部空间及阳台不相连通的、采用阳台形式的装饰性构件。

2.0.6 房屋建筑面积 building area

指房屋外墙(柱)勒脚以上各层的外围水平投影面积，包括阳台、挑廊、地下室、室外楼梯等，且具有上盖，结构牢固，层高(或高度)2.20 m(含2.20 m)以上的永久性建筑。

2.0.7 房屋专有部位 special part of the house

指房屋内业主独立占有、使用的部位。专有部位常称为“套”或“权属基本单元”。

2.0.8 房屋共有部位 common parts of the house

房屋中各区分所有权人共同占有、使用的部位。共有部位主要由房屋中的设备用房、通行部位、管理服务用房和共有墙体四部分组成。

2.0.9 防空地下室 air denfence basement

具有预定战时防空功能的地下室。

2.0.10 单建式民防工程 single-built civil defense project

民防专项资金投资的单独修建的民防工程。

2.0.11 防护单元 protection unit

在防空地下室中，其防护设施和内部设备均能自成体系的使用空间。

2.0.12 口部 gateway

防空地下室的主体与地表面，或与其他地下建筑的连接部分。

2.0.13 掩蔽面积 sheltering area

供掩蔽人员、物资、车辆使用的有效面积。

2.0.14 机械式停车设备 mechanical parking facilities

用于停放和移动汽车设备的总称。机械式停车设备主要有升降横移式和垂直升降式等。

2.0.15 子母式停车位 combined parking space

由前后两个小型停车位组成，前方停车位的车辆驶出后，后方停车位的车辆才能驶出的停车位形式。常称为子母车位，前方停车位称为“母车位”，后方停车位称为“子车位”。

2.0.16 智慧停车场(库) smart car park (garage)

指具备智慧停车系统的停车场(库)。

2.0.17 停车场(库)专用电子地图 special electronic map for parking lot (garage)

指针对在一定坐标系统内具有确定的坐标和属性的停车场(库)，汇聚基本情况、交通标志与标线、其他设施物组成的地图，可利用计算机技术，以数字方式进行存储和查阅。

3 基本规定

3.1 测绘基准

3.1.1 建筑工程“多测合一”坐标系统应采用上海2000坐标系。

3.1.2 建筑工程“多测合一”高程系统应采用正常高系统，高程系采用吴淞高程系。

3.2 测量精度要求

3.2.1 建筑工程“多测合一”采用的仪器设备应定期检定/校准，并使其保持良好状态，满足测量精度要求；使用的各类软件应通过验证或测试。

3.2.2 建筑工程“多测合一”采用中误差作为测量精度的衡量标准，以2倍中误差作为极限误差。

3.2.3 点位精度应符合下列规定：

1 重要地物点[建(构)筑物和起境界作用的围墙、栅栏等]相对于邻近控制点的中误差不应大于5 cm。

2 一般地物点相对于邻近控制点的中误差不应大于7 cm。

3 开工放样复验阶段，对有明显标记的放样点进行坐标检测时，坐标检测中误差不应大于7 cm。

3.2.4 建(构)筑物边长测量精度要求应按表3.2.4执行。

表3.2.4 建(构)筑物边长测量精度要求

边长范围(m)	单一边长(cm)	分段量边之和与一次量边之差(cm)
$L \leqslant 10$	≤±2.0	≤±3.0

续表3.2.4

边长范围(m)	单一边长(cm)	分段量边之和与一次量边之差(cm)
$10<L\leqslant 50$	$\leqslant\pm 0.2L$	$\leqslant\pm 0.3L$
$L>50$	$\leqslant\pm 10.0$	$\leqslant\pm 15.0$

注:L 为被测边长(m)。

3.2.5 间距测量精度应符合下列规定:

1 地形测量中一般地物点间距中误差不应大于 7 cm。

2 开工放样复验阶段,建(构)筑物退界及间距中误差不应大于 5 cm。

3 竣工阶段,建(构)筑物退界及间距小于或等于 10 m 时,其中误差不应大于 5 cm,建(构)筑物退界及间距大于 10 m 时,其中误差不应大于 7 cm。

3.2.6 层高测量精度应符合本标准表 3.2.4 中边长精度的规定。

3.2.7 高程注记点对于附近控制点的高程中误差,在稳固坚实地面不应大于 5 cm,其他地面不应大于 10 cm。建(构)筑物底层室内地坪的标高测量中误差不应大于 4 cm,建(构)筑物的建筑高度测量中误差见表 3.2.7。

表 3.2.7 建(构)筑物建筑高度测量精度要求

建筑高度 H(m)	$H\leqslant 24$	$24<H\leqslant 60$	$60<H\leqslant 100$	$H>100$
中误差(cm)	5	7	10	25

3.2.8 规划资源验收、民防、房产面积精度应符合公式(3.2.8)的规定。

$$m_s\leqslant\pm(0.02\sqrt{S}+0.001S) \tag{3.2.8}$$

式中 m_s——面积测算中误差(m^2);

S——面积(m^2)。

3.2.9 绿地面积、停车位面积精度应符合公式(3.2.9)的规定。

$$m_s \leqslant \pm(0.08\sqrt{S} + 0.004S) \tag{3.2.9}$$

式中 m_s——面积测算中误差(m^2);

S——面积(m^2)。

3.3 测绘成果管理要求

3.3.1 测绘成果应根据行政审批及档案管理的要求整理、归档,数字成果应按要求入库。

3.3.2 当测绘成果有保密要求时,应按国家和地方相关保密规定执行。

4 控制测量

4.1 一般规定

4.1.1 本标准的控制测量是指为“多测合一”覆盖的各要素测量工作，包括开工放样复验（阶段）测量以及竣工（阶段）测量[其中，竣工阶段测量涵盖地物要素测量、规划资源验收专业要素测量、房产专业要素测量、绿地专业要素测量、民防专业要素测量、机动车停车场（库）专业要素测量、消防专业要素测量]等提供平面、高程起算数据的测量。

4.1.2 控制测量点宜采用固定标志。

4.2 平面控制测量

4.2.1 平面控制测量应采用附合导线、结点导线网和 GNSS RTK 测量等方法施测。当采用 GNSS RTK 等技术进行平面控制测量时，应利用 SHCORS 系统施测。平面控制点密度应符合现行上海市工程建设规范《1∶500 1∶1 000 1∶2 000 数字地形测绘标准》DG/TJ 08—86 的规定，地形复杂、隐蔽地区应适当加大密度。

4.2.2 附合导线、结点导线网测量技术要求应符合现行上海市工程建设规范《1∶500 1∶1 000 1∶2 000 数字地形测绘标准》DG/TJ 08—86 的规定，具体要求见表 4.2.2。

表 4.2.2　图根导线测量的技术指标

比例尺	附合导线长度（m）	平均边长（m）	导线相对闭合差	测回数	方位角闭合差（″）	测距	
						仪器类别	方法与测回数
1∶500	900	80	≤1/4 000	1	$\pm 40\sqrt{n}$	Ⅱ级	单程观测 1

注：1　n 为测站数。

2　Ⅱ级测距仪每千米测距中误差 m_D 应满足：5 mm<m_D≤10 mm。

1　当图根电磁波测距导线布设结点网时，结点与高级点间、结点与结点间的导线长度不得大于附合导线长度的 0.7 倍。

2　当图根电磁波测距导线的长度短于 300 m 时，导线全长绝对闭合差不得超过±15 cm。

3　导线边数不得超过 12 条。

4.2.3　GNSS RTK 测量技术要求应符合现行上海市工程建设规范《卫星定位测量技术规范》DG/TJ 08—2121 的规定。

4.2.4　在地下空间等困难地区可布设支导线，相关测量技术要求应符合现行上海市工程建设规范《1∶500　1∶1 000　1∶2 000 数字地形测绘标准》DG/TJ 08—86 的规定。

4.3　高程控制测量

4.3.1　高程控制测量应采用水准测量、电磁波测距三角高程测量和 GNSS RTK 高程测量等方法。当采用水准测量、电磁波测距三角高程测量时，应以本市最新发布的城市高程成果作为高程控制起算依据。

4.3.2　水准测量主要技术要求应符合表 4.3.2 的规定。

表 4.3.2 图根水准测量主要技术要求

路线长度(km)	每千米高差中误差(mm)	水准尺	观测次数		闭合差或往返互差	
			支线	附合路线	平地(mm)	山地(mm)
8	±20	双面	往返	单程	$\pm 40\sqrt{L}$	$\pm 12\sqrt{n}$

注:1 L 为水准路线的总长(km)。
2 n 为测站数。

4.3.3 电磁波测距三角高程测量技术要求应符合现行行业标准《城市测量规范》CJJ/T 8 的规定。

4.3.4 GNSS RTK 高程测量技术要求应符合现行上海市工程建设规范《卫星定位测量技术规范》DG/TJ 08—2121 的规定。

5 要素测量

5.1 一般规定

5.1.1 要素测量应包含地物要素测量、规划资源验收专业要素测量、房产专业要素测量、绿地专业要素测量、民防专业要素测量、机动车停车场(库)专业要素测量、消防专业要素测量。

5.1.2 测量工作应符合下列规定:

1 同一标的物有不同精度要求时,应以最高精度施测,避免重复测绘。

2 各项检测数据应以现场测量采集为基础,通过直接或间接测算求取,条件允许下应首选直接测量。

3 因现场条件所限影响数据采集的,应在相应成果成图备注栏或明显部位注明。

4 所测的实际位置应能明显辨析,必要时应对所测位置配以数码照片备查。

5.1.3 坐标测量应满足下列要求:

1 坐标测量宜采用全站仪测量、GNSS RTK 测量、三维激光扫描测量、航空摄影测量等方法。

2 需要测量的坐标点包括建(构)筑物的放样点、建筑物及附属设施特征点、工矿建(构)筑物及附属设施特征点、交通及附属设施特征点等。

3 需要测量的坐标点,其精度应符合本标准第 3.2.3 条的规定。

5.1.4 边长或距离测量应满足下列要求:

1 边长或距离测量宜采用全站仪测量以及钢尺、手持测距仪丈量等方法。

2 需要测量的边长或距离包括建(构)筑物边长、尺寸、净距等,其测量精度应符合本标准第3.2.4条的规定。

3 退界及间距测量,其测量精度应符合本标准第3.2.5条的规定。

5.1.5 高度测量应满足下列要求:

1 高度测量宜采用全站仪测量以及钢尺、手持测距仪丈量等方法。

2 需要测量的高度包括建(构)筑物层高、净高以及附属设施高度、停车库和消防车道的净空高度等。

3 精度应符合本标准第3.2.6条的规定。

5.1.6 高程测量应满足下列要求:

1 高程测量宜采用几何水准测量、光电测距三角高程测量、GNSS RTK测高等方法。

2 需要测量的高程包括建(构)筑物室内外地坪高程、地下室地坪高程、消防车登高操作场地、地貌高程、道路高程等。

3 高程注记点、室内外地坪测量精度应符合本标准第3.2.7条的规定。

5.2 开工放样复验(阶段)测量

5.2.1 对取得建设工程规划许可证的建设项目,应进行开工放样情况的检测。

5.2.2 测量内容应包括建(构)筑物的平面位置、尺寸及退界、间距、新建围墙位置以及建设基地范围内需要修测、实测的地形地物。

5.2.3 测量范围除特殊情况外,应包括建设基地范围外侧接边的地形地物。

5.3 竣工(阶段)测量

Ⅰ 地物要素测量

5.3.1 地物要素测量内容应包括地上建(构)筑物及其他设施、地下建(构)筑物及其他设施、交通及其附属设施、植被、水系、门牌号等要素。

5.3.2 地上建(构)筑物及其他设施测量应包括下列内容:

1 各类地上建(构)筑物、主要附属设施以及屋顶层有围护结构的设备间应采集外围轮廓以及相应的属性信息。

2 房屋应实测其勒脚,房屋的结构、楼层应以主体部分为准,同一结构不同层次、不同结构不同层次均应区分表示;若难以区分的,可依其主体部分的层数注记,零星局部不易划分或划分后难以注记的,可并入主体部分。

3 所有房屋应采集高度,平屋顶房屋高度应包括建筑物主体最高处至室外地坪的垂直距离、建筑物主体顶端设备间至建筑物主入口室外地坪的垂直距离以及建筑物主体顶端各种天线、避雷针或旗杆最高处至室外地坪的垂直距离;坡屋顶房屋高度应包括屋脊、檐口至室外地坪的垂直距离。建筑高度测量应按本标准附录A执行。

4 所有房屋、棚房、简房等应采集其入口处地坪高程。

5 有支柱的门廊、檐廊、飘楼以及伸出主体结构的阳台、建筑物下的通道、室外楼梯、院门、门墩、支柱和天井应按实采集其外轮廓线。

6 房屋墩、柱凹凸部分大于0.2 m的应实测,其他以勒脚为准。

7 图像监控点、探头除了应采集杆的落地中心位置外,还应采集探头与支杆的连接位置。

8 采集景观灯、探头、消火栓、公共取水点、快递柜落地中心位置三维坐标及属主信息；如探头有支杆连接的，应实测连接位置。

9 垃圾分拣点、街坊内垃圾分类箱、宣传橱窗、电信箱、电力箱应采集落地中心位置三维坐标及箱体高度，收集属主信息。

10 落地烟囱应采集落地位置外轮廓，被建（构）筑物包围的烟囱应采集其中心位置。

11 旗杆、微波塔应采集落地中心位置、杆高，收集属主等信息。

5.3.3 地下建（构）筑物及其附属设施测量应采集地下出入口外围轮廓、室内层高、标高以及相应的属性信息。

5.3.4 围墙、栅栏、有基础的铁丝网应实测基础外边线、高度，采集属主信息；篱笆、活树篱笆、无基础的铁丝网等应实测其中心线、高度，采集属主信息。

5.3.5 交通及其附属设施测量应包括下列内容：

1 市政道路交通及附属设施应采集道路边线、道路交通标线、道路交通标志以及交通附属设施的位置、形状及相应属性。

2 市政道路应表示其类别和等级，道路边线应采集道路边缘与路缘石交界处；道路交通标线应表示其类别和宽度，采集几何中心位置；导向箭头应表示其类别，其形状及位置应与实地一致。

3 市政道路交通标志应表示其类别，应采集其几何特征点，如中心点或道路前进方向左下角，并应采集杆的落地几何中心位置和相应的属性信息。

4 铁路、火车站及其附属设施应采集其位置、形状及相应属性，架空索道应采集铁塔位置，高架轨道应采集外轮廓水平投影位置和墩柱，地面上的轨道及岔道应按实采集，架空的轨道应与地面轨道衔接平顺；桥梁、渡口、码头应表示其类别，采集其外轮廓以及相应属性。

5 交通信号灯应采集杆的落地几何中心位置，并应采集交通信号灯的几何特征点及相应属性；公交站牌、立柱应采集杆落地几何中心位置以及相应属性;龙门架应采集道路通行左侧落地几何中心位置。

6 道路分隔设施和路侧设施应采集设施纵向连续不变的顶部中心位置,面状分隔设施、减速带、安全岛、非机动车停放点应采集外轮廓(如实地无停车范围线的非机动车停车桩应采集首尾停车桩中心点)。

7 地面停车位应采集停车位平面位置、车位类型,其中新能源车充电桩应采集杆落地中心位置三维坐标,上墙安装的新能源车充电设备应采集设备中心位置三维坐标。

5.3.6 植被测量应包括下列内容:

1 应采集植被和土质的类别特征和范围分布,耕地、园地、林地、草地等应明确其类别和作物,采集其范围以及相应属性。

2 行道树、古树名木应采集其落地中心位置,同时古树名木还应采集编号、状况、地址、树龄、科名等属性。

5.3.7 水系测量应包括下列内容:

1 江、河、湖、海、水库、池塘、沟渠、泉、井以及其他水利设施均应采集位置、形状以及相应属性,江、河、湖、海、水库、池塘的岸线应采集大堤(或固定种植的滩地)与斜墩(或陡坎)相交处的位置;河流、池塘应分类采集;江、河、湖、海还应沿水边的陡坎采集水涯线。

2 沟渠应采集外肩线,堤顶宽度大于 2 m 的应采集内肩线,并在沟渠外侧采集陡坡,长度短于 10 m 的沟渠可不采集;宽度或深度超过 1 m 且长度超过 100 m 的水沟应采集岸线,地下灌渠应采集出水口。

5.3.8 门牌号采集应包括下列内容:

1 所有正规形式的门牌号均应采集,包括正规门牌号、临时门牌号等。

2 各单位、小区出入口的门牌号均应采集。

3 非正规门牌号以及小区用于指示号码范围的门牌可不采集。

4　门牌号采集应按本标准附录B执行。

5.3.9　其他地物要素测量应符合现行上海市工程建设规范《1∶500　1∶1 000　1∶2 000数字地形测绘标准》DG/TJ 08—86的规定。

Ⅱ　规划资源验收专业要素测量

5.3.10　规划资源验收专业要素测量应在建设工程规划许可证批准的建(构)筑项目(建筑、道路、绿化、公共设施等)建成后进行。

5.3.11　建筑面积测量应符合下列规定:

1　单层建筑物的建筑面积测量应使用钢尺或测距仪全部实量其外墙勒脚以上结构的外围长度,不应以量一边而推算另一边对应的长度。

2　建筑工程地上单体分层面积测量中,应分块明确商业、住宅、办公等不同性质的各类建筑面积。

3　地下建筑面积分类及测量应按本市相关规定执行。

5.3.12　主体建筑应测量建筑物±0.00或首层室内地坪高程。

5.3.13　主体建筑立面层高测量时,应自建筑物±0.00或首层室内地坪开始,逐层测定各层的层高。

5.3.14　建筑物周边间距、退界应按照规划审批的间距、退界位置为依据进行测量。

5.3.15　公共汽电车首末(场)站应测量应包含下列内容:

1　公共汽电车首末(场)站用地面积测量中包括车道、候车廊、管理用房、绿化以及其他配套设施用地面积。

2　发车泊位和蓄车泊位应按类型逐个测量其平面位置以及尺寸。

3　站台、发车区、下客区、行车道、超车道的宽度和长度应分类逐个测量。

4　测量行车通道中心线,推算出相应行车通道转弯半径

(内径)。

5 测量公共汽电车首末(场)站道路标线平面位置。道路标线包括方向箭头、车道线、停止线、停车让行线、减速让行线、减速带、人行横道、人行横道预警、禁止停车区(网状线)、路面数字/文字/符号标识、防滑车道标线等。

6 测量停车场(库)道路标志中心点平面位置。

7 候车廊的宽度、长度、净高应分类逐个测量。

8 公共汽电车首末(场)站配建的管理用房等建设工程规划许可证批准的建(构)筑项目按本章建(构)筑物相关规定执行。

Ⅲ 房产专业要素测量

5.3.16 测量人员应根据委托人提供的规划核准图纸以及竣工图纸,核对现场,实地测量并记录房屋各部位边长。

5.3.17 房产平面测量系指房屋外墙(柱)勒脚以上各层的外围水平投影,包括阳台、挑廊、地下室、室外楼梯等,且具有上盖,结构牢固,层高 2.20 m(含 2.20 m)以上的永久性建筑的水平边长测量。

5.3.18 房产平面测量应满足下列要求:

1 应具有上盖(独立顶盖或以上部的房屋、阳台、挑台、廊、屋檐等上部建筑为盖)和地(楼、底)板。

2 应有围护结构(如:墙、柱、护栏等)。

3 层高在 2.20 m 及以上。

4 结构牢固,属永久性的建筑物。

5 房屋的附属部位(如:阳台、廊、门斗、雨篷等)应与主体房屋室内相连通。

6 可作为人们生产、生活或各种活动的场所。

5.3.19 按围护结构(如:墙、柱、护栏)水平外围的边长测量应符合下列规定:

1 房屋空间由墙、柱、护栏分别围护的,建筑按墙、柱、护栏各自水平外围测量边长,见图 5.3.19-1。

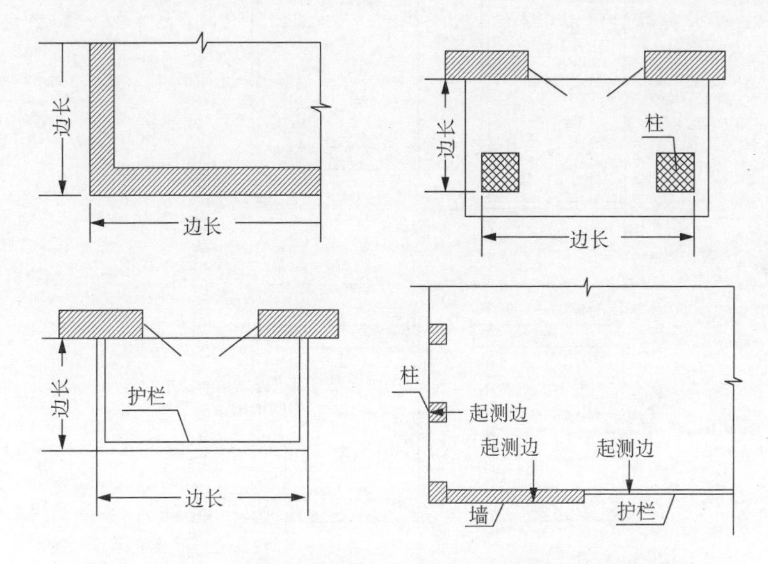

图 5.3.19-1　房屋空间由墙、柱、护栏分别围护的测量示例图

2　房屋空间主要由墙围护、墙面有柱凸出的，宜按墙水平外围测量边长，见图 5.3.19-2。

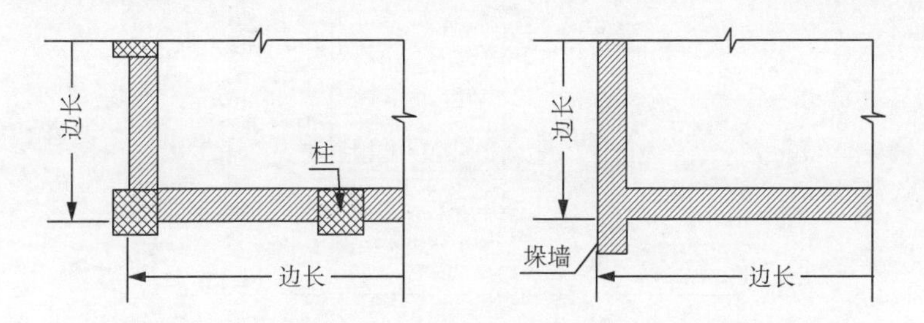

图 5.3.19-2　房屋空间主要由墙围护、墙面有柱凸出的测量示例图

3　房屋空间主要由柱、护栏相连围护或由墙、护栏纵横相连围护且护栏外围小于柱或墙端外围的，应按护栏水平外围测量边长；护栏外围大于柱或墙端外围的，应按柱或墙端水平外围测量边长，若遇阳台或按一半计建筑面积的部位，则按护栏外围测量边长，见图 5.3.19-3。

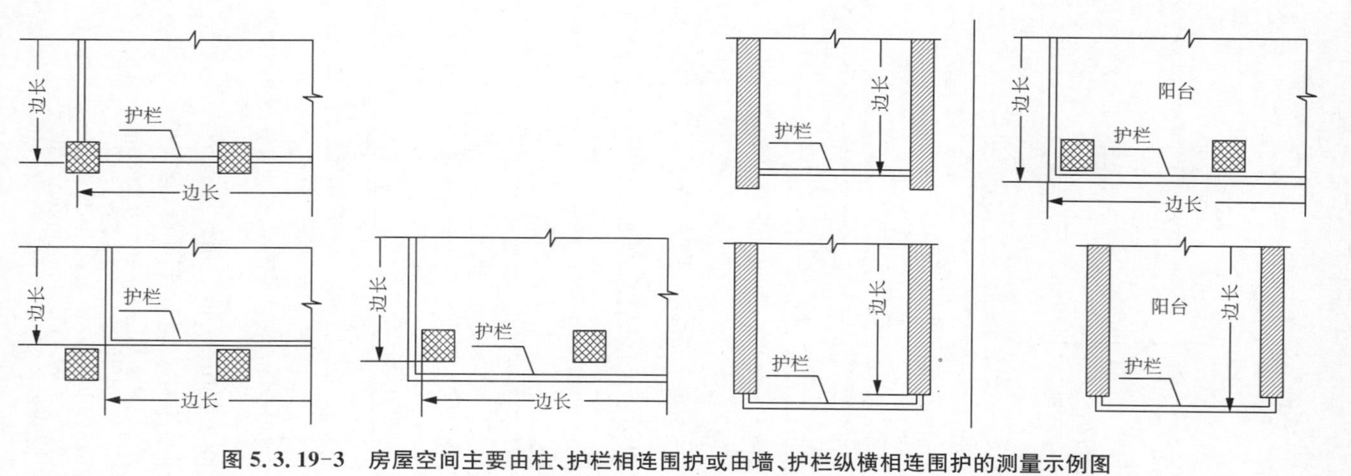

图 5.3.19-3 房屋空间主要由柱、护栏相连围护或由墙、护栏纵横相连围护的测量示例图

4　房屋不封闭部位有柱、墙围护，其上盖外沿小于柱、墙外围的，应按上盖外沿的水平投影测量边长。当柱（墙）间连有护栏，护栏外围和上盖外沿均小于柱（墙）外围的，应按护栏外围和上盖外沿中小者的水平投影测量边长，见图 5.3.19-4。

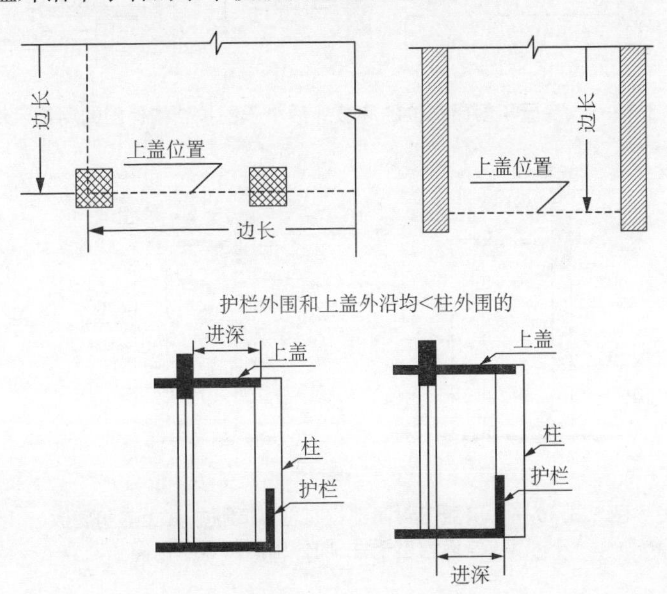

图 5.3.19-4　房屋不封闭部位有柱、墙、护栏围护，具有上盖的测量示例图

5　房屋不封闭部位的底板外沿小于围护结构外围的，应按底板外沿的水平投影测量边长，见图 5.3.19-5。

6　房屋不封闭部位有柱、墙围护，其上盖和底板外沿均小于柱、墙外围的，应按上盖和底板外沿中小者的水平投影测量边长，见图 5.3.19-6。

5.3.20　单层房屋应按一层进行测量边长。多层房屋应按各层分别进行测量边长。

5.3.21　房屋内的夹层、插层、技术层及其井道和连通的楼梯、电梯井等层高在 2.20 m 及以上的部位应按其围护结构水平外围测

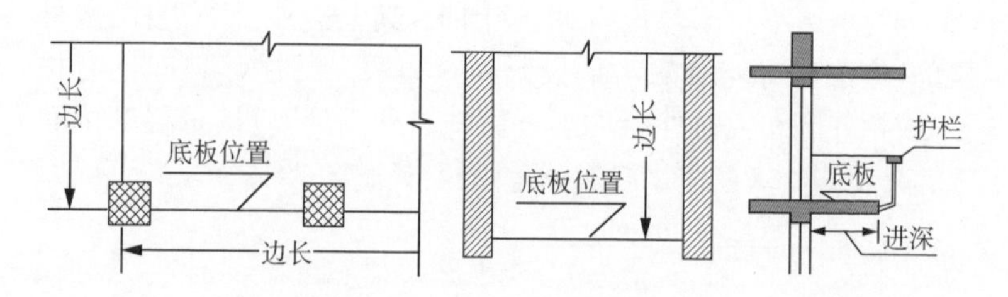

图 5.3.19-5　房屋不封闭部位的底板外沿小于围护结构外围的测量示例图

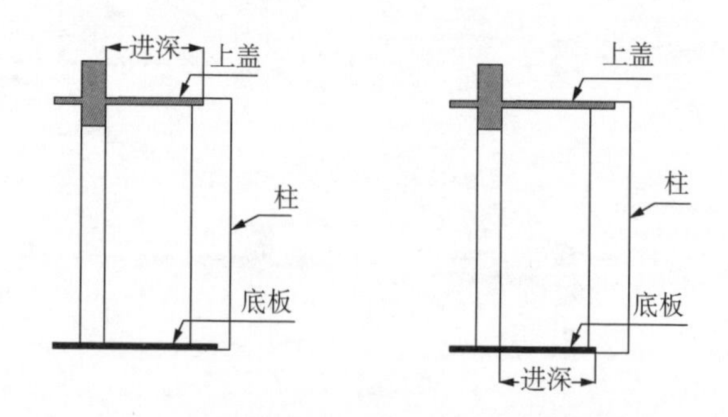

图 5.3.19-6　房屋不封闭部位有柱、墙围护，其上盖和底板外沿均小于柱、墙外围的测量示例图

量边长。

5.3.22　地下室、半地下室的测量应符合下列规定：

1　层高在 2.20 m 及以上的地下室、半地下室及其相应出入口，按其外墙(不包括防潮层及保护墙)水平外围测量边长。

2　与室内连通的有透明结构顶盖的地下室采光井，按其围护结构水平外围测量边长；与室内不连通的有透明结构顶盖的地下室采光井及露天的地下室采光井不需测量，见图 5.3.22。

5.3.23　凸出屋面的建筑的测量应符合下列规定：

1　房屋天面上属永久性建筑(如：楼梯间、水箱间、电梯机房、设备用房等)，层高在 2.20 m 及以上的，按其水平外围测量边长。

2　凸出屋面的电梯机房，当其下方设有缓冲层时，若缓冲层

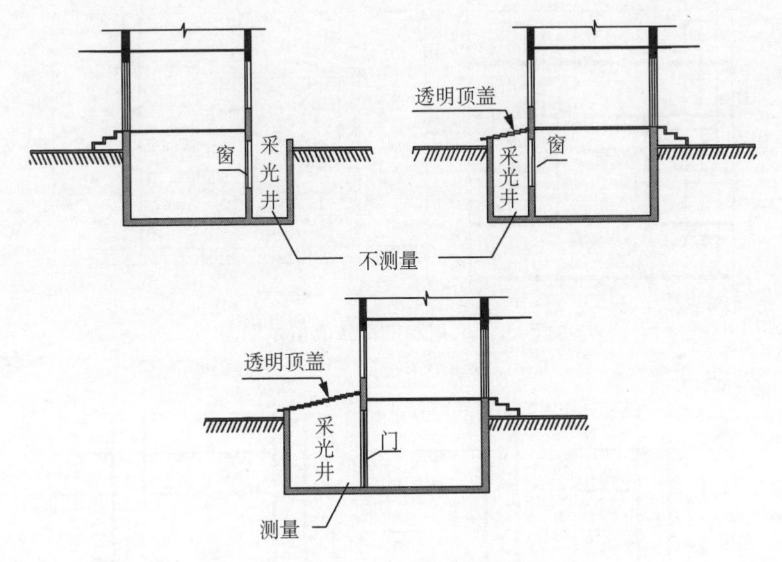

图 5.3.22　地下室采光井测量示例图

向天面开门且层高在 2.20 m 及以上的，缓冲层应测量边长；若缓冲层不开门的，则不需测量。

3　房屋天面上有盖和围护结构的景观或装饰性建筑(如：亭、阁、塔、装饰柱廊及其他装饰性架空部位等)不需测量。

5.3.24　穿过房屋的通道，按其水平外围测量边长。

5.3.25　房屋内层高跨越两个以上自然层的建筑空间(如：门厅、大厅等)，其跨楼层形成的上空部位应按其周边围护结构外围测量边长。上空周边的走廊、回廊及室内阳台(层高不小于 2.20 m)应按其围护结构水平外围测量边长，见图 5.3.25。

5.3.26　井道的测量应符合下列规定：

1　房屋中的井道(如：电梯井、提物井、垃圾道、管道井、通风井、烟道等)按其穿越的房屋自然层(层高不小于 2.20 m)测量边长，见图 5.3.26-1。

2　观光梯透明结构封闭围护的梯井及不封闭围护结构围护

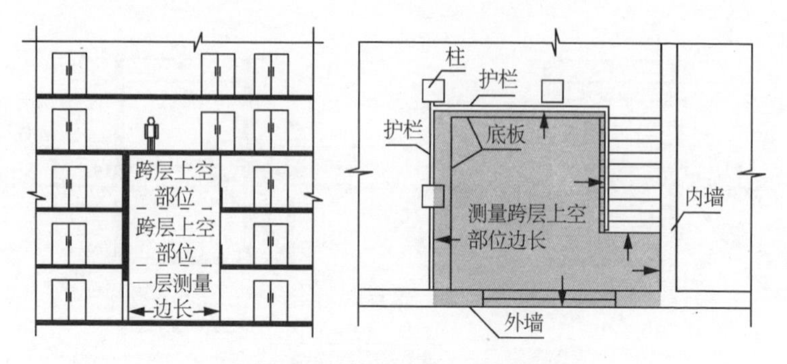

图 5.3.25 跨层的部位测量示例图

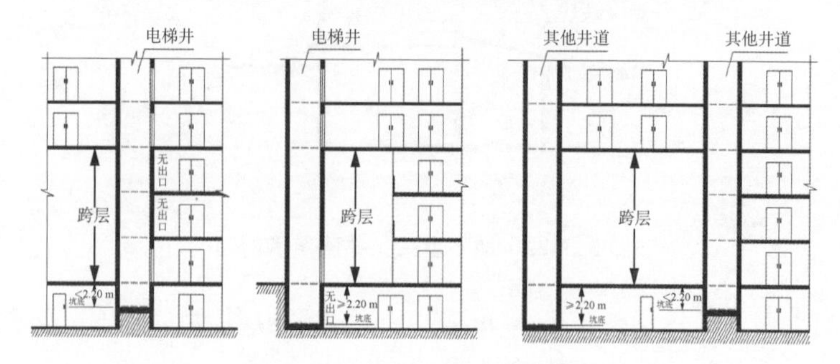

图 5.3.26-1 井道测量示例图

的梯井，按其穿越的房屋自然层（层高不小于 2.20 m）测量边长。无围护梯井的观光梯不需测量，见图 5.3.26-2。

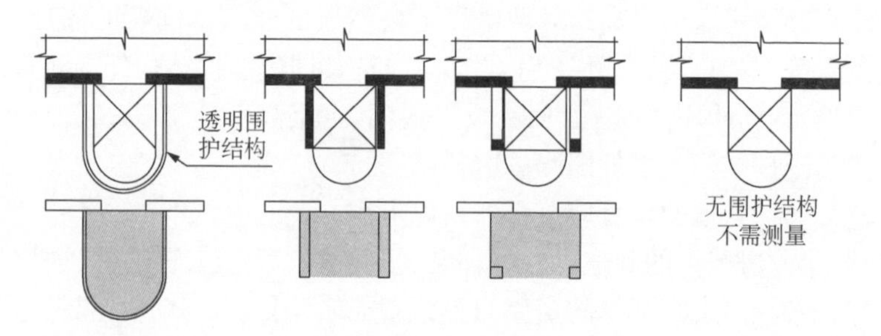

图 5.3.26-2 观光梯测量示例图

3 房屋中的井道(包括观光梯井)在仅穿越跨层部位的部分,按一层测量边长,见图 5.3.26-1。

4 房屋井道的坑底高于房屋最下层地坪,坑底至坑上一层层高小于 2.20 m 的,最下层的井道按水平内围测量边长,见图 5.3.26-1。

5.3.27 阳台的测量应符合下列规定:

1 全封闭的阳台按其围护结构水平外围测量边长。

2 不封闭的阳台(如:凸阳台、凹阳台、凹凸阳台、有柱阳台等)按其围护结构外围水平投影测量边长,见图 5.3.27-1。

不封闭阳台应具有上盖,上盖层高不应小于 2.20 m 且不应大于 2 个自然层。当上盖满遮阳台时,则其下不封闭阳台按其围护结构外围水平投影测量边长;当上盖前沿遮盖阳台前护栏而其侧沿未遮盖阳台侧护栏时,则其下不封闭阳台按上盖侧沿与阳台前护栏外围合围的水平投影测量边长;当上盖前沿未遮盖阳台前护栏时,则其下不封闭阳台不需测量;水平投影为"凸"形的不封闭阳台,若其上盖前沿未遮蔽阳台"凸"形前部护栏但遮蔽"凸"形后部护栏的,则其下不封闭阳台按"凸"形后部分护栏外围水平投影测量边长。无上盖或上盖层高不符合规定的不封闭阳台不需测量,见图 5.3.27-2。

3 底板坐于地坪上的底层不封闭阳台(底层阳台)符合有护栏、上部 2 层以内有满遮本阳台的不封闭阳台的,按其围护结构外围水平投影测量边长。底板坐于下部房屋屋面平台上的不封闭阳台(屋面阳台)参照底层阳台测量边长,见图 5.3.27-3。

4 底层阳台、屋面阳台测量边长计算建筑面积的,其护栏中允许开设一个出口,阳台横向护栏中开设有出口的应余留部分护栏,见图 5.3.27-4。

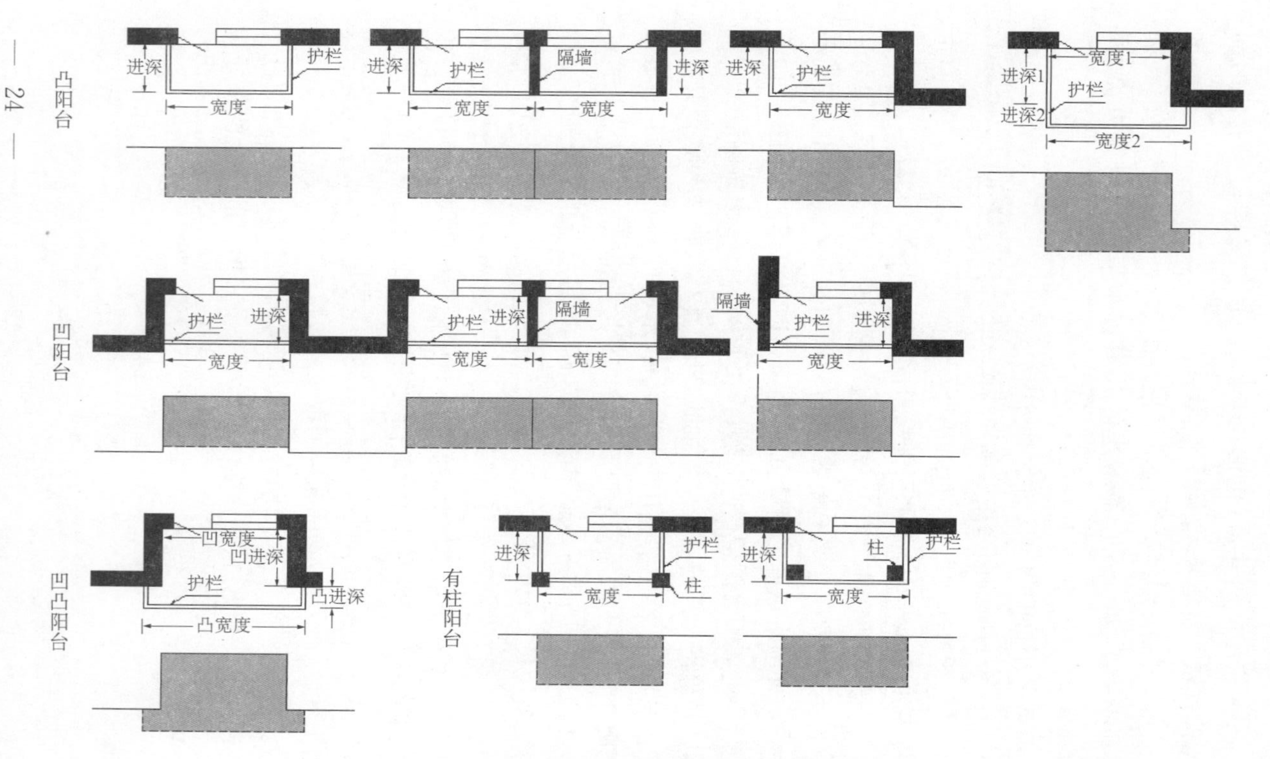

图 5.3.27-1　阳台常见形式测量示例图

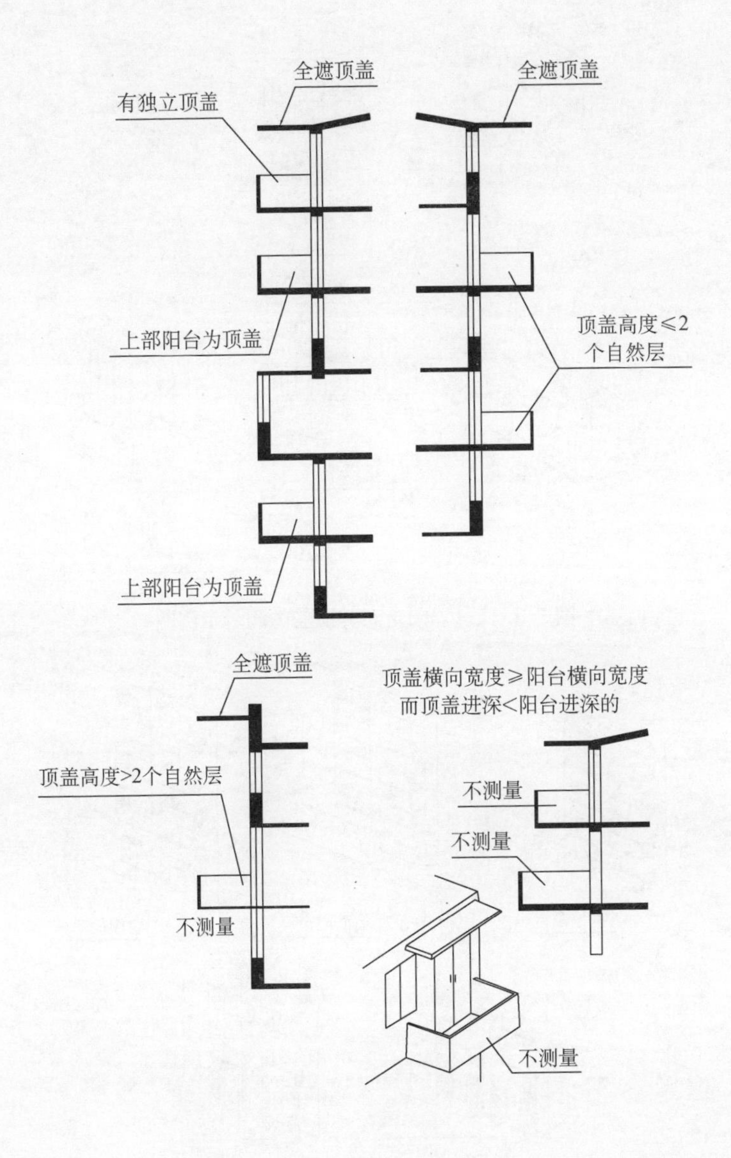
全遮顶盖
有独立顶盖
全遮顶盖
上部阳台为顶盖
顶盖高度≤2
个自然层
上部阳台为顶盖
全遮顶盖
顶盖横向宽度≥阳台横向宽度
而顶盖进深<阳台进深的
顶盖高度>2个自然层
不测量
不测量
不测量
不测量

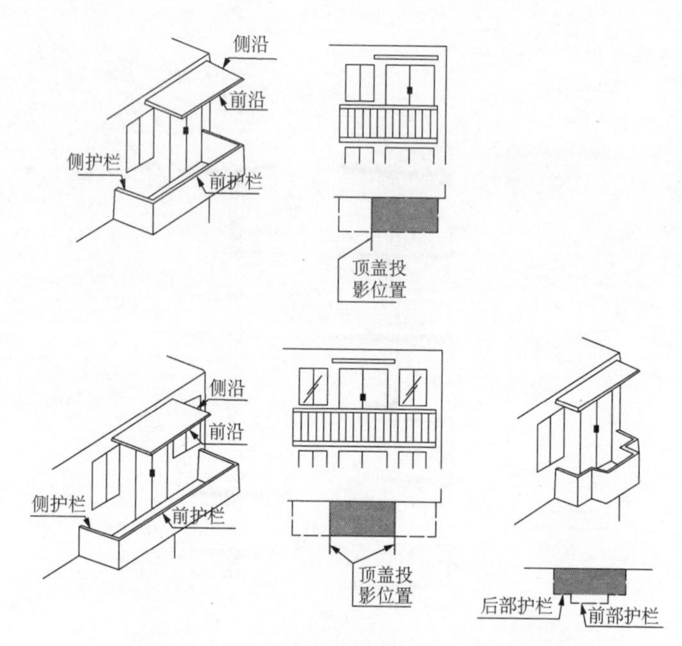

图 5.3.27-2　阳台对其顶盖的测量示例图

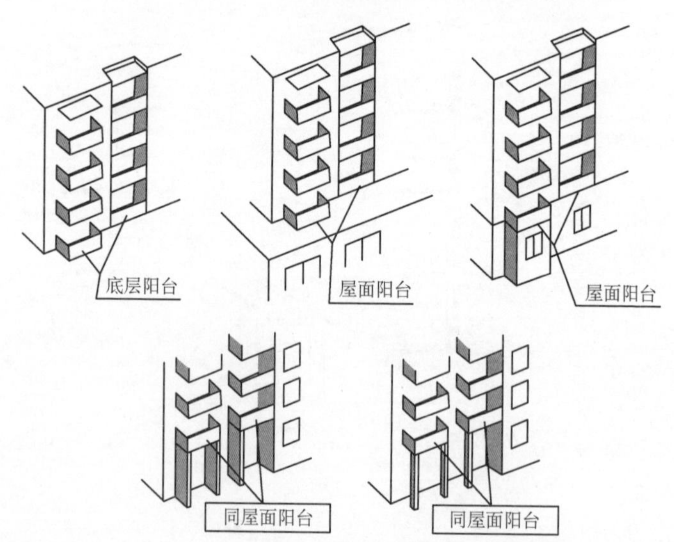

图 5.3.27-3　底层阳台、屋面阳台示例图

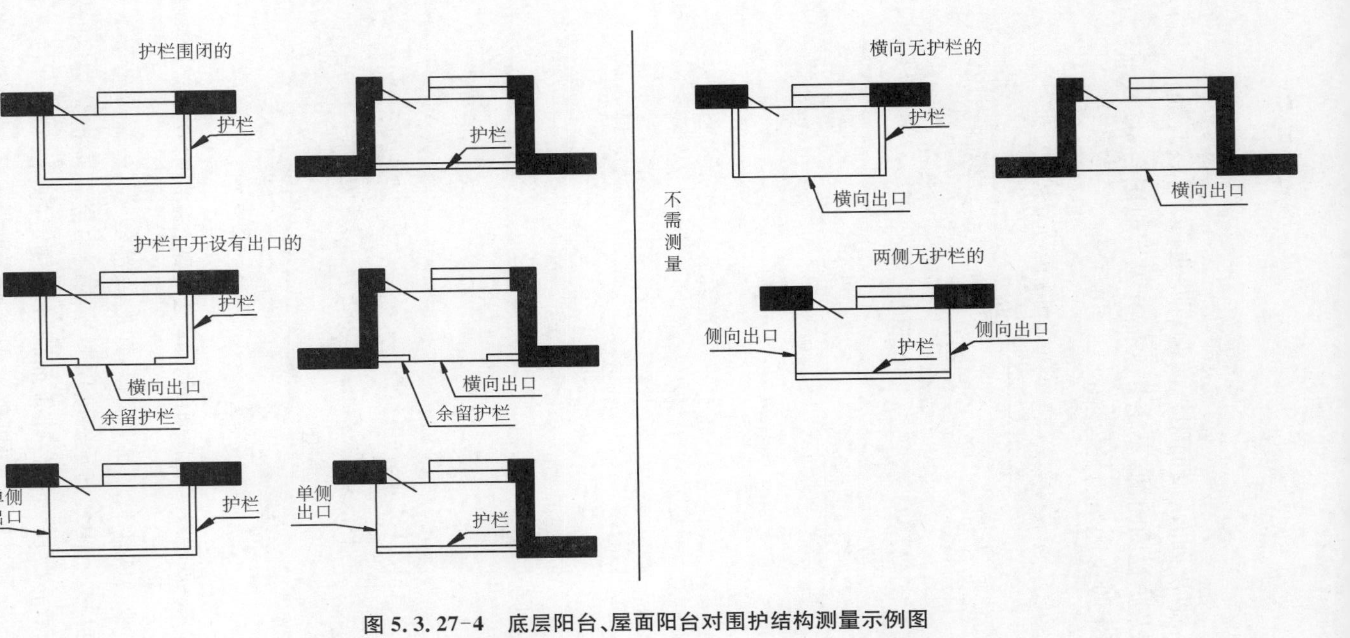

图 5.3.27-4　底层阳台、屋面阳台对围护结构测量示例图

5 底层阳台、屋面阳台两侧有竖直围护结构(如柱、墙),上盖满遮及护栏围闭的,不论其上部有无类似阳台,按其围护结构外围水平投影测量边长,见图 5.3.27-5。

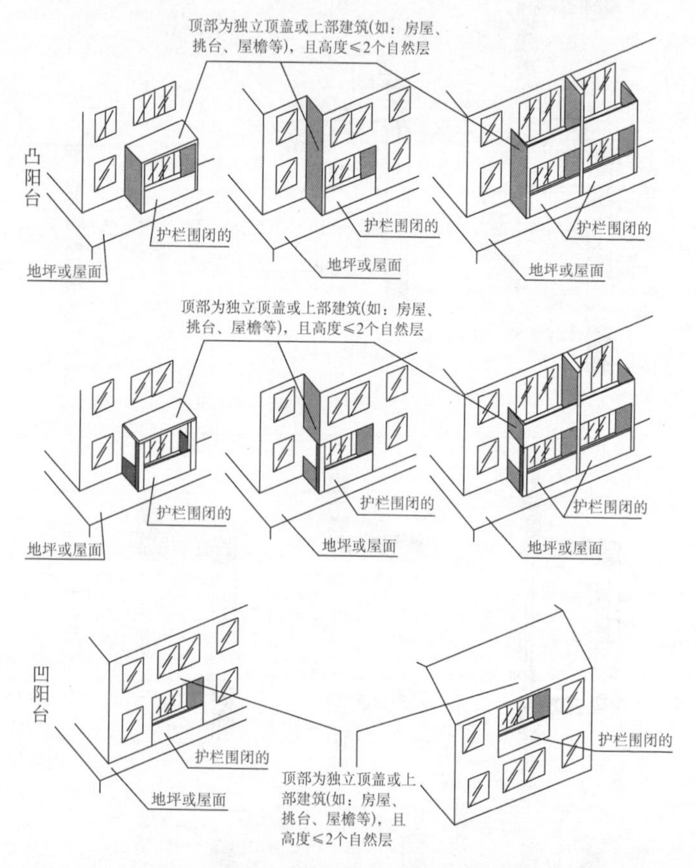

图 5.3.27-5 底层阳台、屋面阳台两侧有竖向到上盖的围护结构测量示例图

6 不封闭阳台向房屋内延伸形成部分悬空、部分坐于下层屋顶的阳台,若阳台内延的屋顶部分两侧由竖直围护结构(如墙、柱)围护或符合屋面阳台建筑面积计算规定的,整个阳台按不封闭阳台标准测量边长,否则整个阳台不需测量。不封闭阳台横向延伸坐于下层屋顶上形成部分悬空、部分坐于下层屋顶的阳台，悬空部分的按不封闭阳台标准测量边长。坐于下层屋顶的部分按屋面阳台标准测量边长，否则不需测量，见图 5.3.27-6。

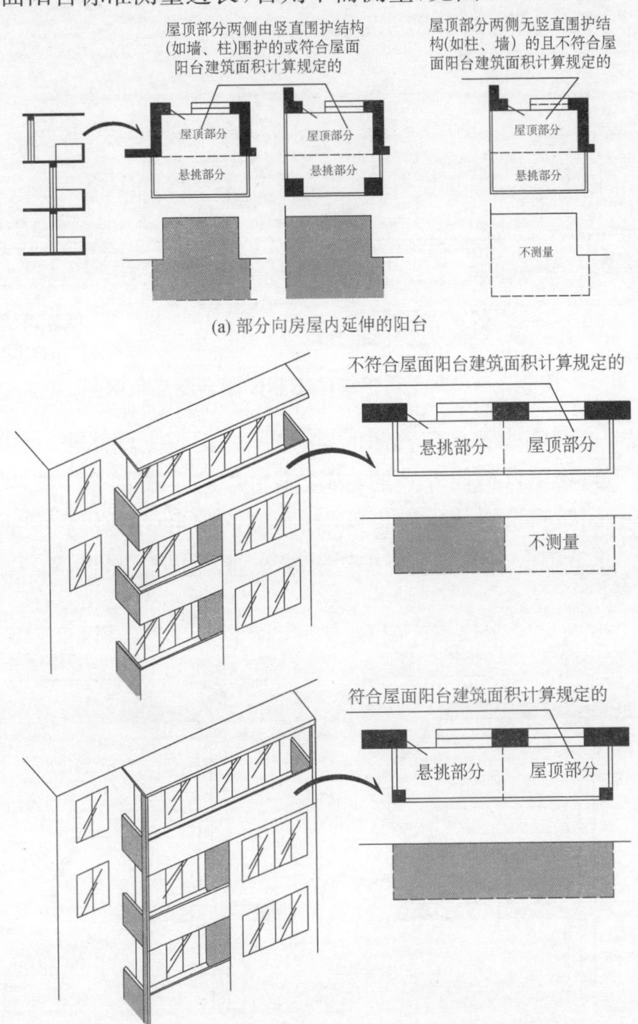

(a) 部分向房屋内延伸的阳台

(b) 阳台横向部分坐于屋顶部分悬空

图 5.3.27-6 部分向房屋内延伸或横向部分坐于屋顶的不封闭阳台测量示例图

7 上、下层不封闭阳台投影错位的，下层阳台以其上部 2 个自然层范围内的阳台（或其他形式的上盖）为上盖（上盖进深不应小于该阳台进深），按上盖侧沿与阳台前护栏外围合围的水平投影测量边长，见图 5.3.27-7。

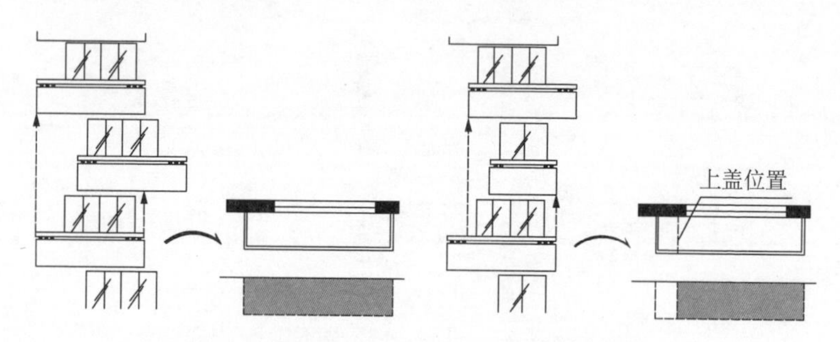

图 5.3.27-7 上、下错位不封闭阳台测量示例图

8 不封闭阳台护栏内倾的，按该阳台护栏上端水平外围测量边长；不封闭阳台护栏外倾的，按该阳台护栏下端水平外围测量边长；不封闭阳台护栏超出底板外沿的，按该阳台底板水平外围测量边长。此类阳台上盖应遮蔽护栏上端外围，见图 5.3.27-8。

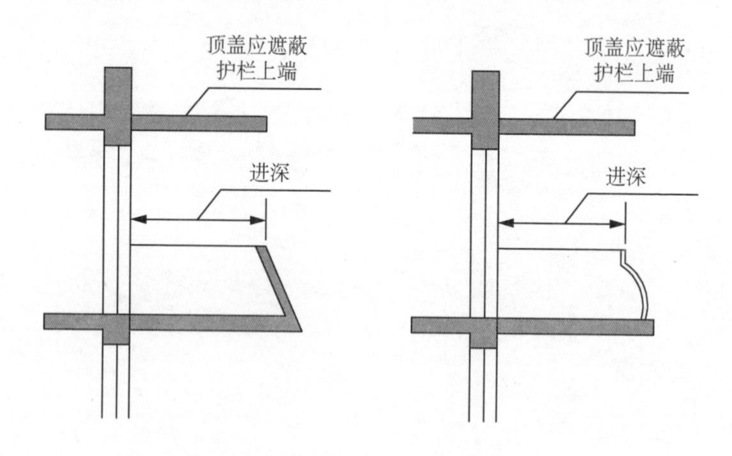

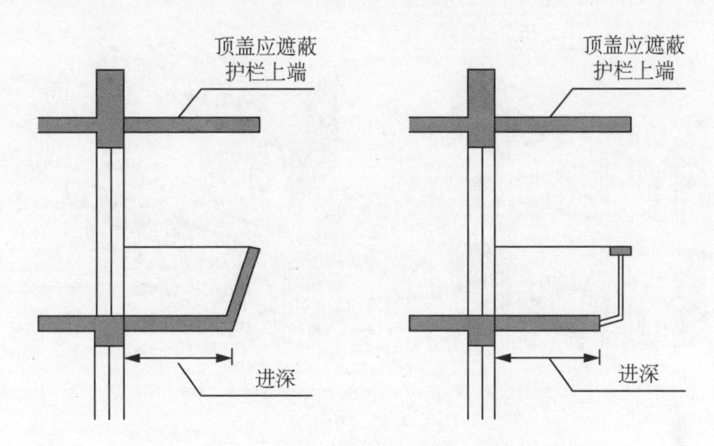

图 5.3.27-8 异形护栏不封闭阳台测量示例图

5.3.28 室外走廊(包括挑廊、檐廊、连廊)的测量应符合下列规定:

1 全封闭的走廊按其围护结构水平外围测量边长。

2 室外无柱有护栏的走廊(无柱走廊,其护栏中允许开设有出口)按其围护结构外围水平投影测量边长,见图 5.3.28-1、图 5.3.28-2。

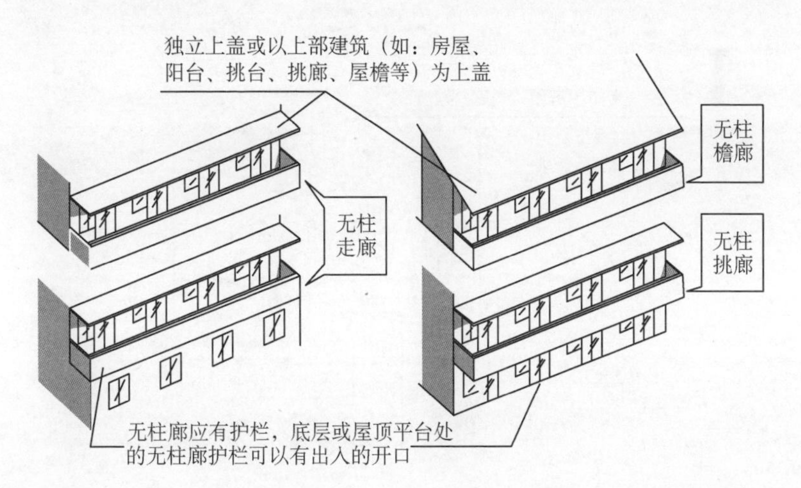

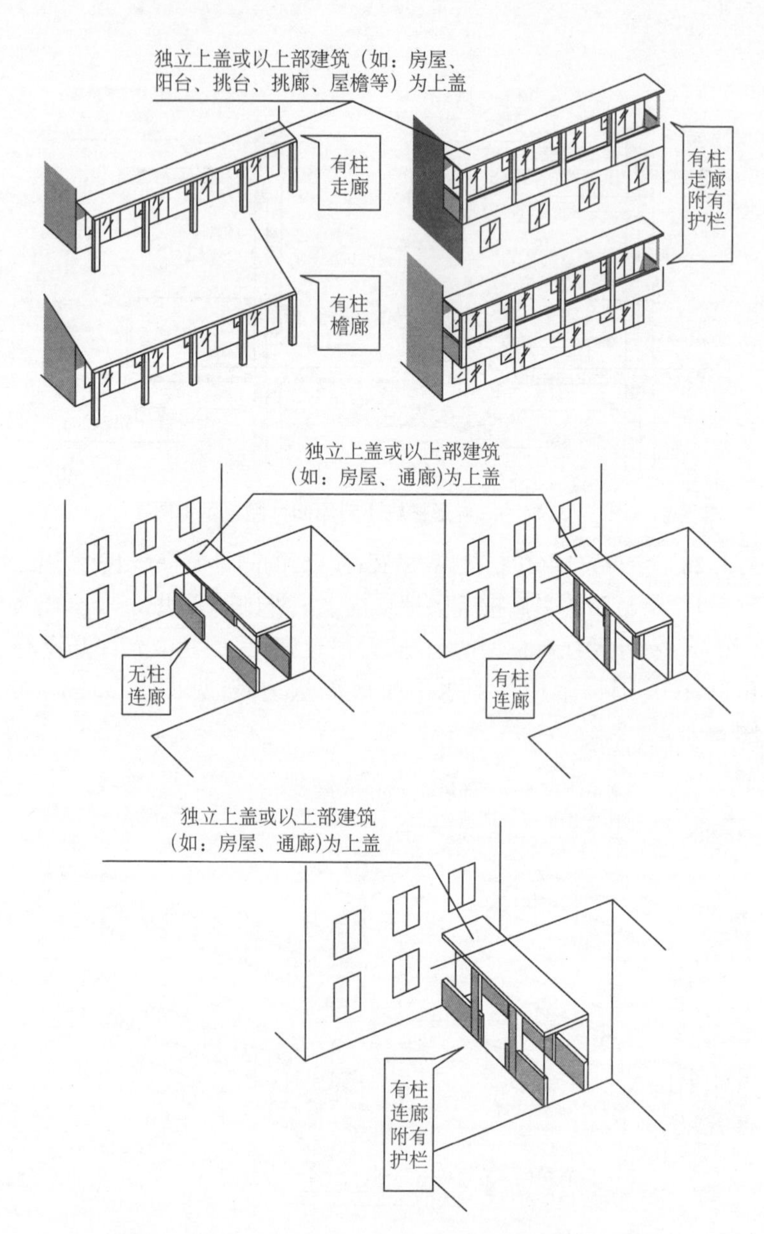

图 5.3.28-1　房屋外部的走廊、挑廊、檐廊测量示例图

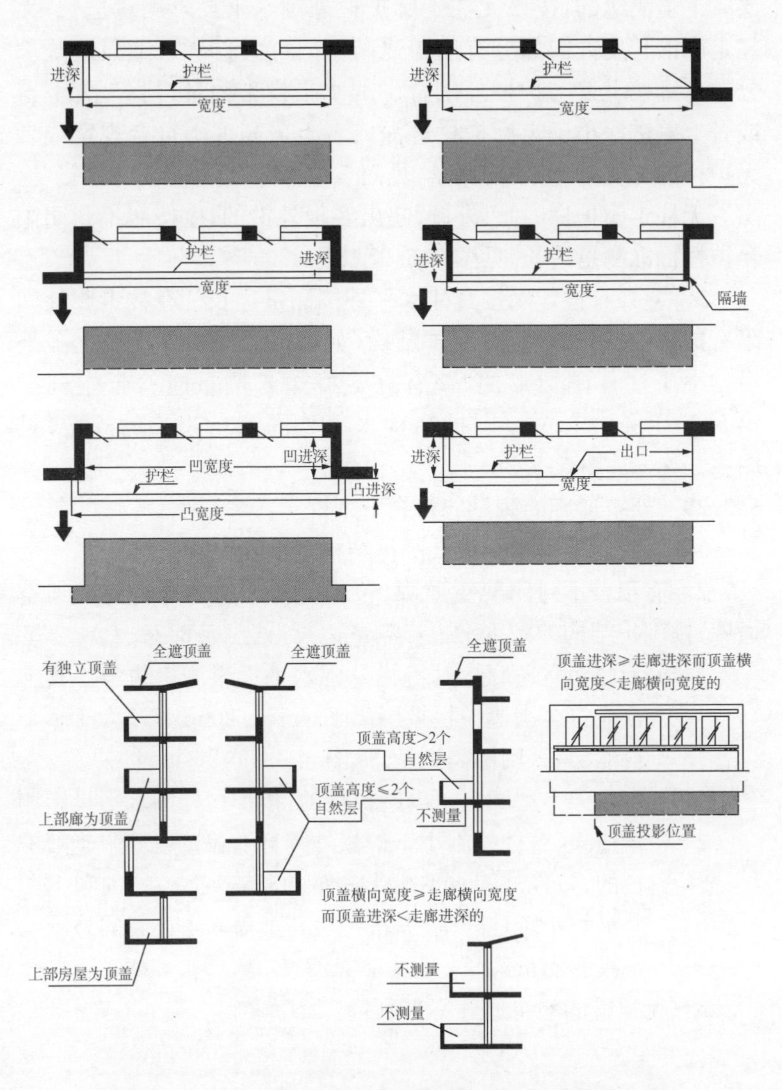

图 5.3.28-2 无柱走廊、挑檐、檐廊常见形式测量示例图

无柱走廊的上盖层高不应小于 2.20 m 且不应大于 2 个自然层。上盖满遮的，按该无柱走廊护栏外围水平投影测量边长；无柱走廊沿长度方向部分有上盖遮蔽、部分为露天的，上盖遮蔽部分的走廊按上盖与护栏外围合围的水平投影测量边长。无上盖或者上盖进深小于走廊护栏进深或者上盖高度不符合规定或者无护栏的无柱走廊，不需测量，见图 5.3.28-2。

无柱走廊护栏内倾、外倾、超出底板外沿的，应按照不封闭阳台护栏标准测量边长，见图 5.3.27-8。

3 室外有柱走廊按其柱水平外围测量边长。有柱走廊柱间附有护栏的、廊端有竖直围护结构（如墙）的、底板外沿及上盖外沿均小于柱外围情形的，该有柱走廊边长测量应符合本标准第 5.3.19 条中有关按围护结构水平外围测量边长的规定，见图 5.3.28-1、图 5.3.28-3。

5.3.29 架空通廊的测量应符合下列规定：

1 全封闭架空通廊按其围护结构水平外围测量边长。

2 有顶盖不封闭架空通廊（包括无柱架空通廊和有柱架空通廊）按围护结构外围水平投影测量边长，见图 5.3.29-1。

1）无柱架空通廊按其护栏外围水平投影测量边长。其上盖应符合满遮护栏且层高不小于 2.20 m 且不大于 2 个自然层，否则不需测量，见图 5.3.29-2。

2）有柱架空通廊上盖满遮护栏的，按护栏外围水平投影测量边长；若柱外围小于护栏外围且上盖遮蔽柱未遮蔽护栏的，按柱外围水平投影测量边长；若护栏外围和上盖外沿均小于柱外围的，按护栏与上盖其中小者的外围水平投影测量边长，见图 5.3.29-2。

3 无顶盖的架空通廊不需测量。

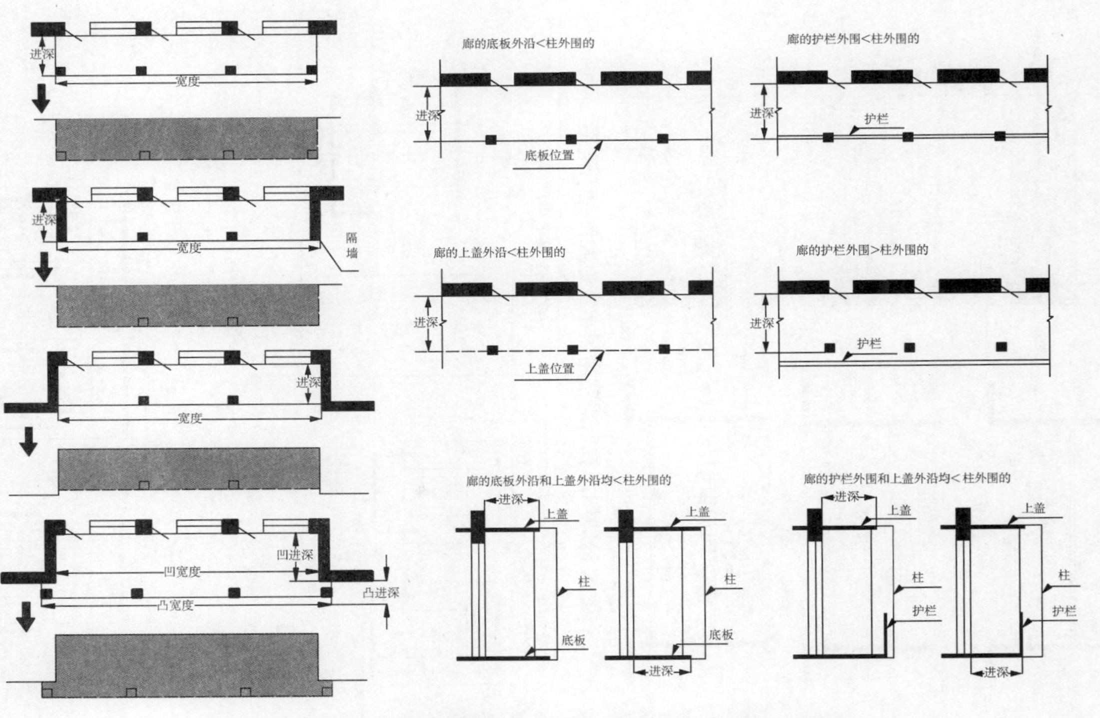

图 5.3.28-3　有柱走廊、挑廊、檐廊常见形式测量示例图

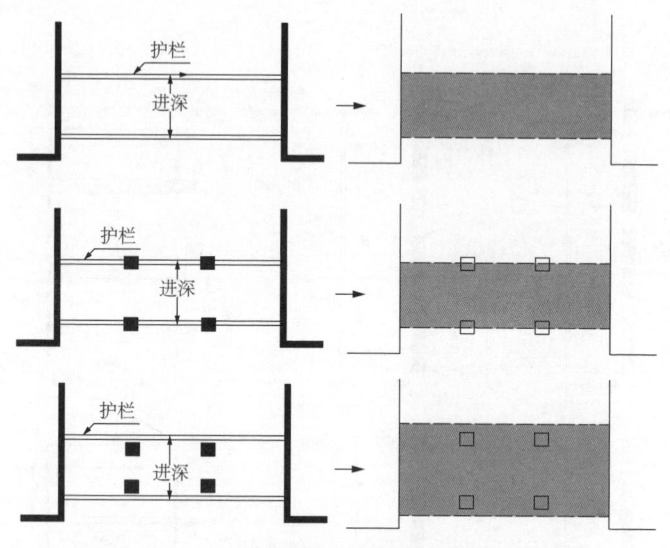

图 5. 3. 29-1　有顶盖不封闭架空通廊测量示例图

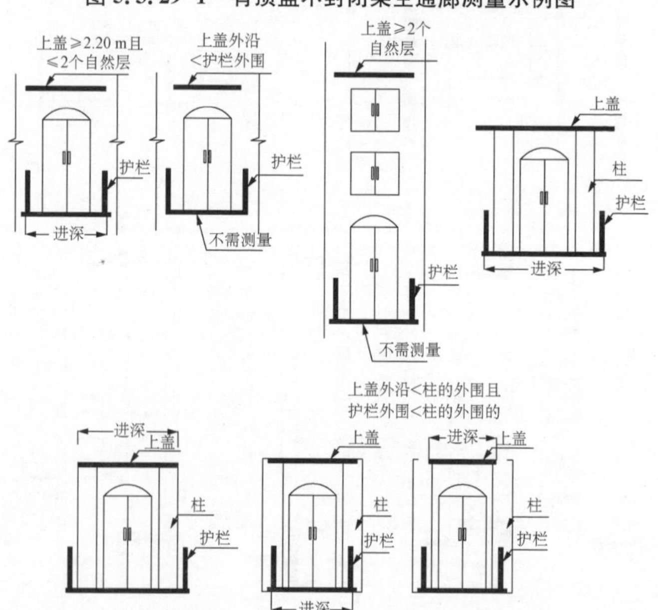

图 5. 3. 29-2　有顶盖不封闭架空通廊对上盖和护栏的测量示例图

5.3.30 门斗、门廊的测量应符合下列规定：

1 门斗应按其围护结构水平外围测量边长。有凸出墙面的围护结构并以上部建筑为上盖的类似门斗的房屋出入口，按其围护结构水平外围测量边长，见图5.3.30-1。

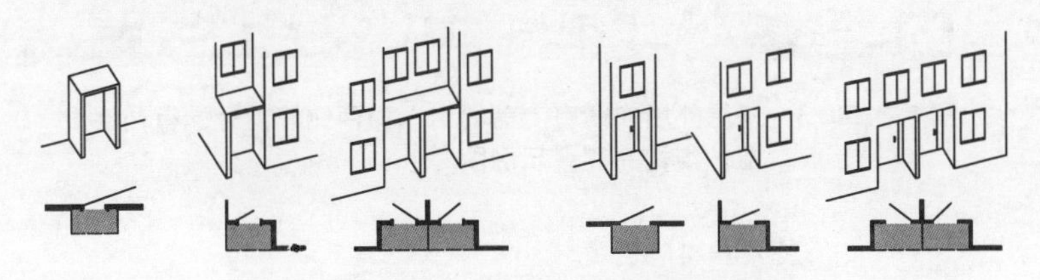

图5.3.30-1 门斗常见形式测量示例图

2 房屋外墙内凹有上盖的出入口，上盖与出入口处房屋外墙合围的空间不需测量，见图5.3.30-2。

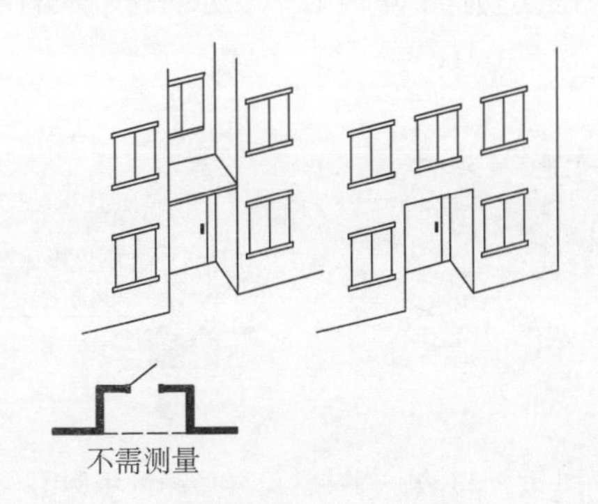

图5.3.30-2 房屋外墙内凹有上盖的出入口示例图

若房屋外墙内凹有上盖的出入口，其两侧墙前外端有凸出围护结构（如垛墙、柱）的，按其围护结构水平外围测量边长，见图5.3.30-3。

3 门斗常见异形按图5.3.30-4所示测量边长。

1）围护结构垂直地面，按围护结构底部外围与顶盖围合空间水平外围分别测量边长，取水平投影的重叠部分，见

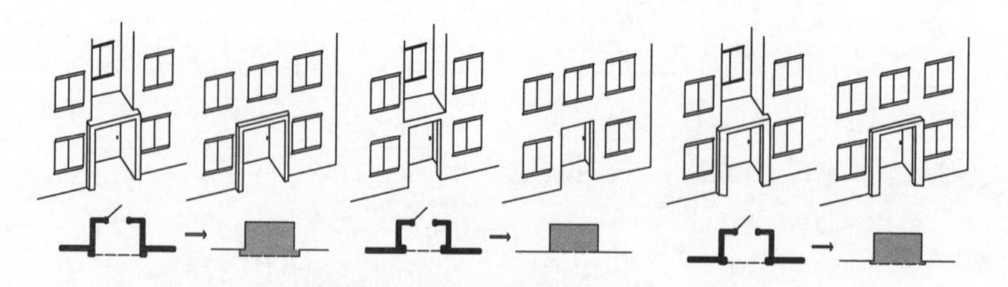

图 5.3.30-3　房屋外墙内凹有上盖的出入口两侧墙前外端有凸出围护结构的测量示例图

图 5.3.30-4(a)。

2）围护结构内倾，按围护结构取空间高度在 2.20 m 处的水平投影，测量边长，见图 5.3.30-4(b)。

3）围护结构外倾，按围护结构底部外围与顶盖围合空间水平外围分别测量边长，取水平投影的重叠部分，见图 5.3.30-4(c)。

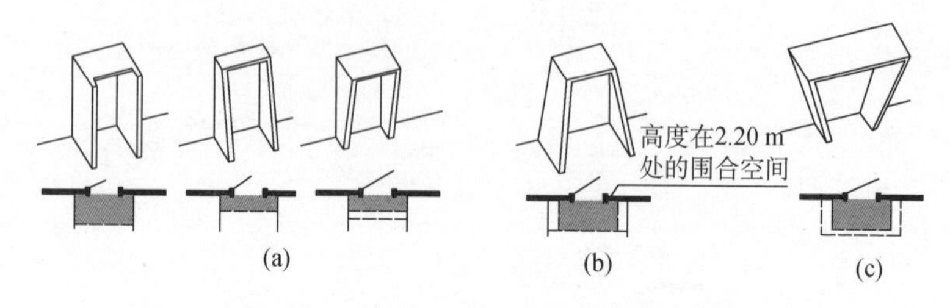

图 5.3.30-4　门斗常见异形测量示例图

4　有柱或有围护结构的门廊，按其柱或围护结构水平外围测量边长，见图 5.3.30-5(a)。

独立柱、单排柱或单排支撑结构的门廊，按其上盖水平投影测量边长，见图 5.3.30-5(b)。

5.3.31　雨篷的测量应符合下列规定：

1　有柱(或有柱和侧墙)雨篷或以上部建筑为上盖、下有柱(或有柱和侧墙)的建筑空间，按其柱水平外围测量边长；独立柱(或独

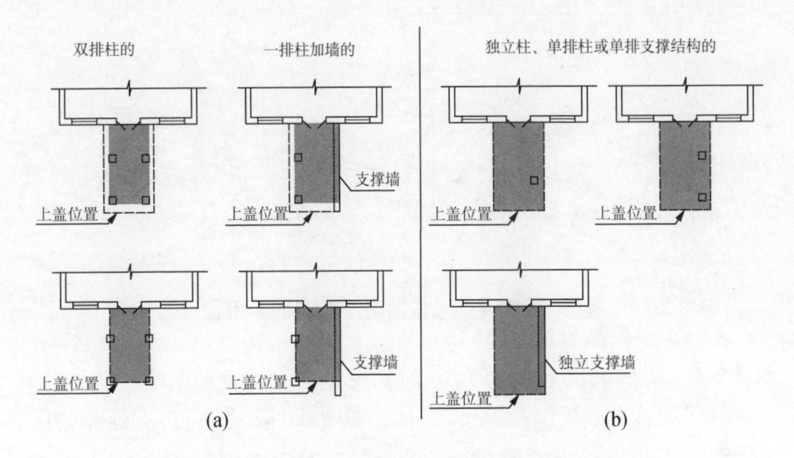

图 5.3.30-5　门廊常见形式测量示例图

立支撑结构）雨篷或以上部建筑为上盖、下有独立柱（或独立支撑结构）的建筑空间，按其上盖水平投影测量边长，见图 5.3.31-1。

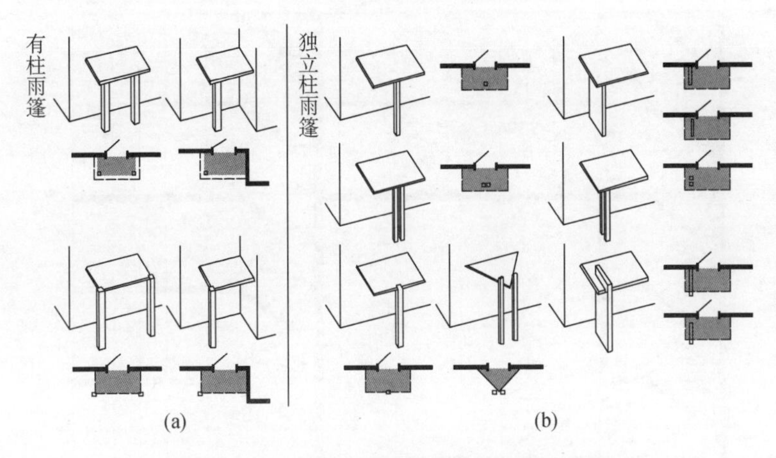

图 5.3.31-1　有柱雨篷常见形式测量示例图

2　无柱雨篷下的空间不需测量，见图 5.3.31-2。

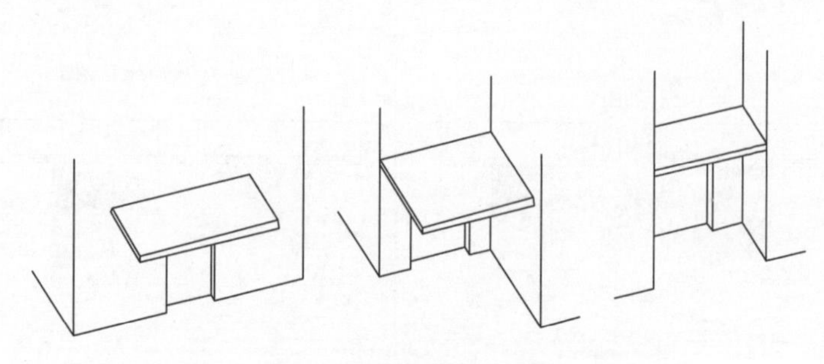

图 5.3.31-2　无柱雨篷下的空间示例图

5.3.32　楼梯的测量应符合下列规定：

1　室内楼梯(包括自动扶梯)、楼梯间按其通过房屋自然层(层高不小于 2.20 m)测量，有墙体围护的楼梯间按围护墙体测量边长，无墙体围护的室内楼梯按楼梯段水平投影测量边长，见图 5.3.32-1、图 5.3.32-2。

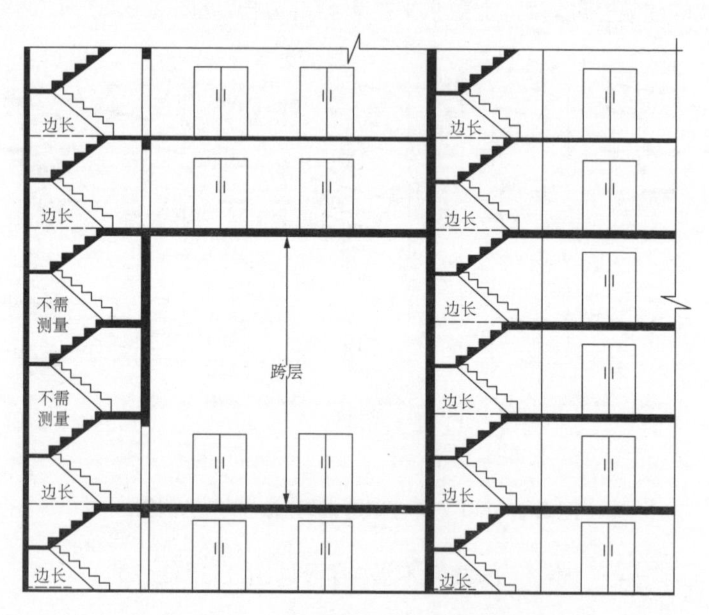

图 5.3.32-1　室内楼梯、楼梯间的测量示例图

2 室内楼梯每个自然层按其下一层至本层的楼梯水平投影测量边长，两层间的楼梯板投影重叠的部分只测一次，见图 5.3.32-2(a)和(b)。

3 室内楼梯、楼梯间在仅通过跨层部位的部分，按一层测量边长，见图 5.3.32-1。

4 室内最底层楼梯下方空间按最底层楼梯水平投影测量边长，见图 5.3.32-2(b)和(c)。

5 室内楼梯被上层梯洞围护结构水平投影遮盖的部分不计入上层楼梯的测量范围，见图 5.3.32-2(c)。

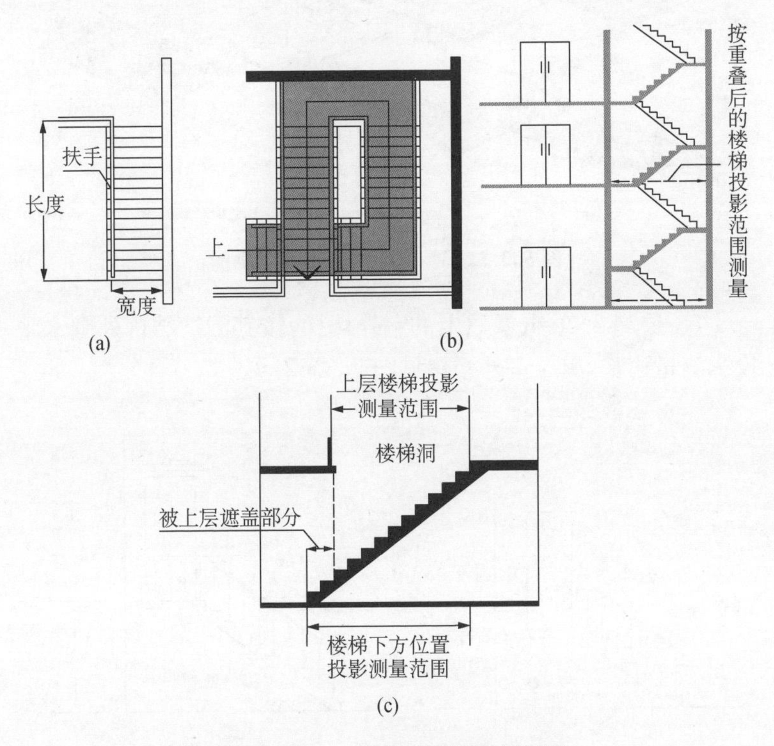

图 5.3.32-2 室内楼梯测量示例图

6 错层房屋中每个错层楼梯按其错下一层至本层楼梯水平投影测量边长，最下错层楼梯下方空间按最下错层楼梯水平投影测量边长，见图 5.3.32-3。

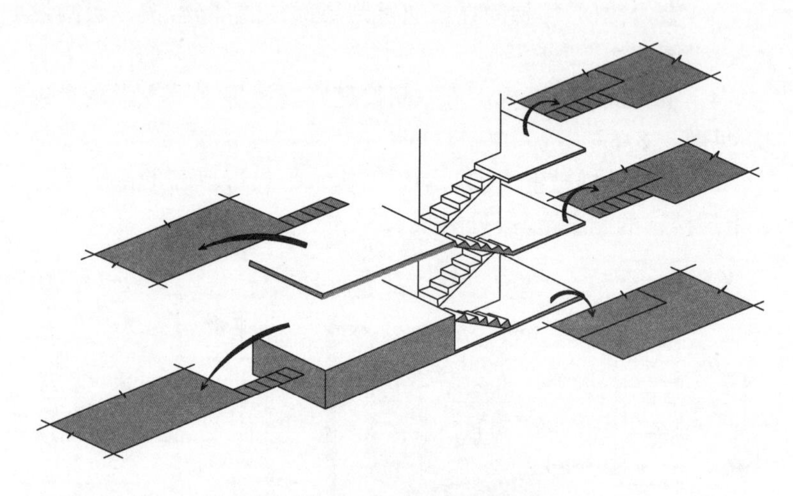

图 5.3.32-3 错层楼梯测量示例图

7 层高 2.20 m 及以上的室外楼梯，按其围护结构外围水平投影测量边长，单层室外楼梯见图 5.3.32-4。

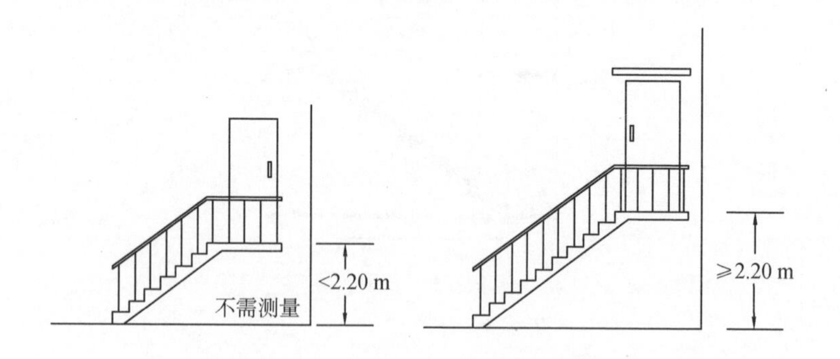

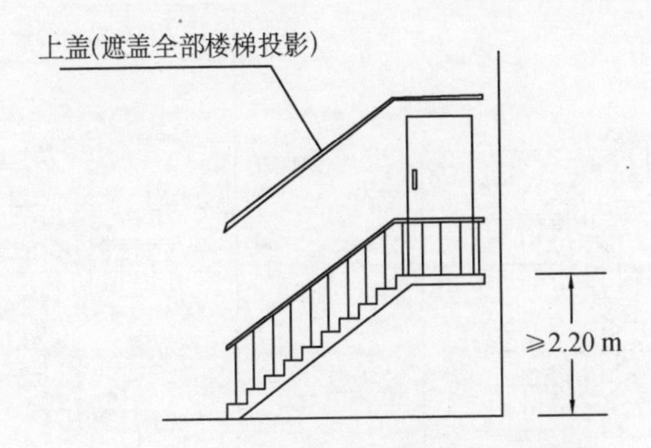

图 5.3.32-4　单层室外楼梯测量示例图

8　每个楼层室外楼梯按其下一房屋自然层至本房屋自然层的室外楼梯段围护结构外围水平投影测量边长，两层间的楼梯投影重叠的部分只测一次。楼梯最上层顶盖按其水平投影测量边长，见图 5.3.32-4、图 5.3.32-5。室外楼梯在仅临靠房屋跨层部位的部分按一个楼层测量边长。

5.3.33　架空层的测量应符合下列规定：

1　层高 2.20 m 及以上的架空层按其围护结构水平外围测量边长，见图 5.3.33。

2　依坡地建筑的房屋，利用吊脚作架空层有围护结构的，按其层高在 2.20 m 及以上部位的外围水平投影测量边长。

5.3.34　车库的测量应符合下列规定：

1　层高 2.20 m 及以上结构不封闭的多层车库按其各层围护结构水平外围测量边长，见图 5.3.34-1。

2　与房屋相连层高 2.20 m 及以上结构不封闭的车库，不论其与室内连通与否，按其围护结构水平外围测量边长，见图 5.3.34-2。

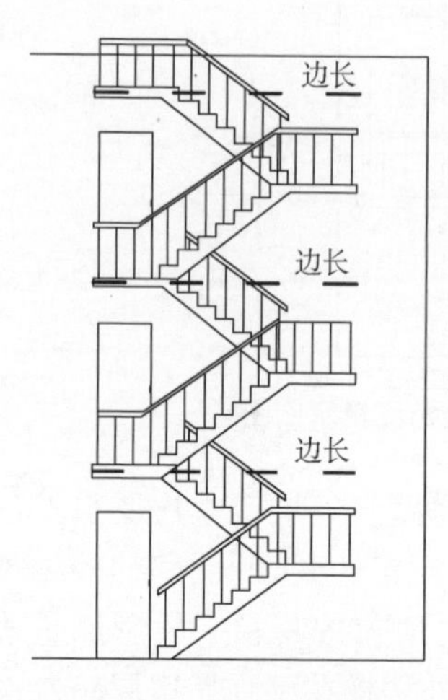

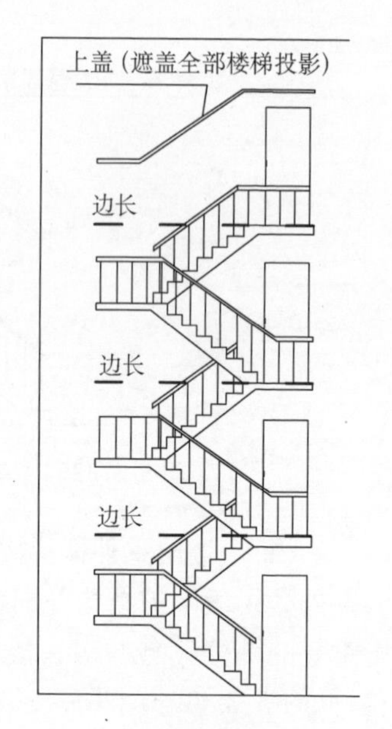

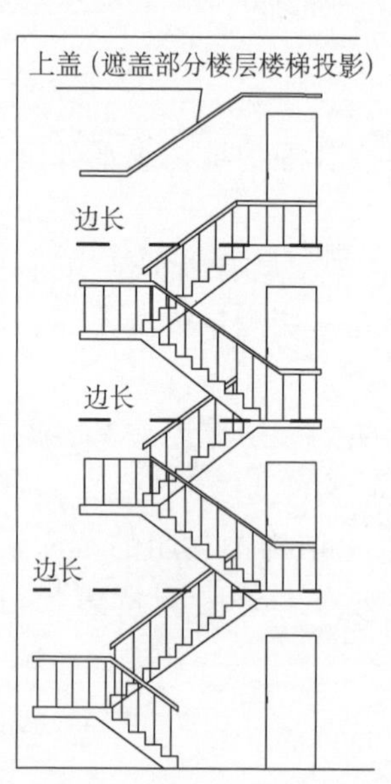

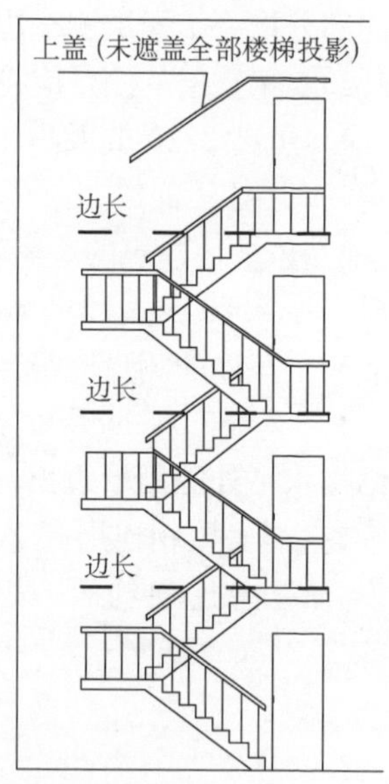

图 5.3.32-5　多层室外楼梯测量示例图

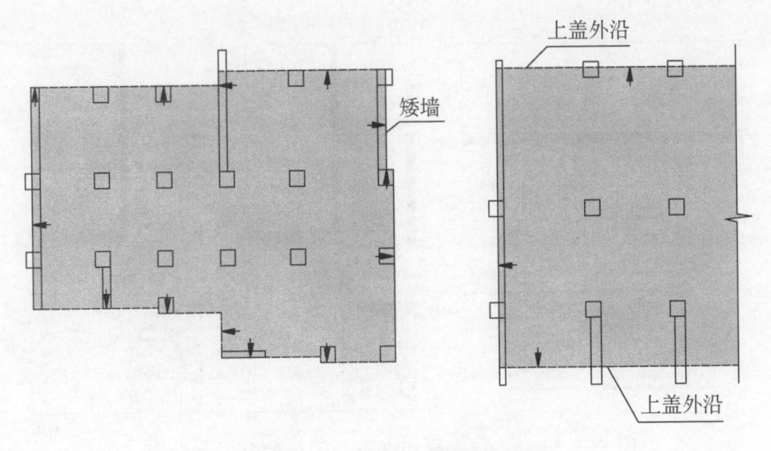

图 5.3.33　架空层测量示例图

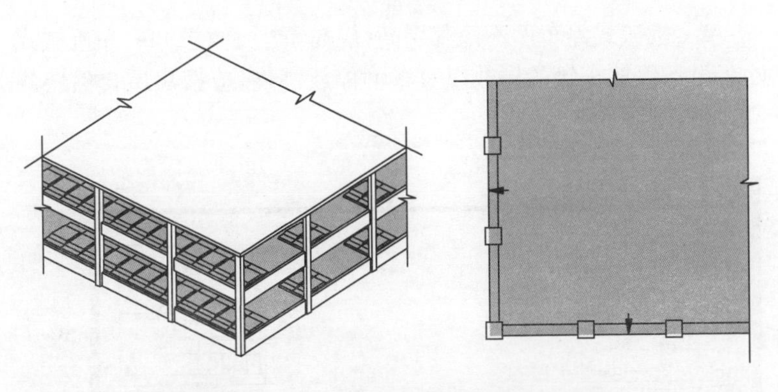

图 5.3.34-1　结构不封闭车库测量示例图

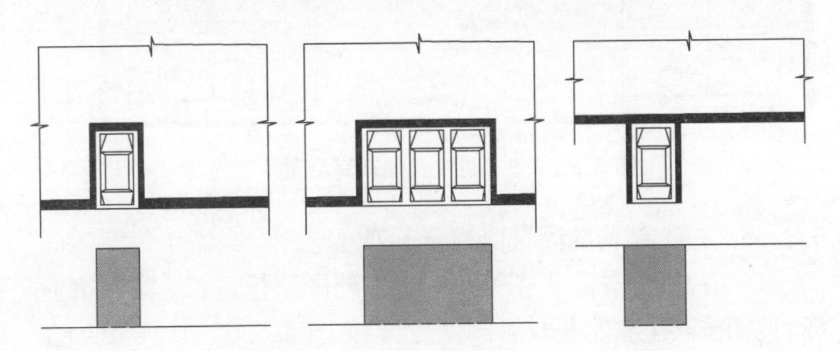

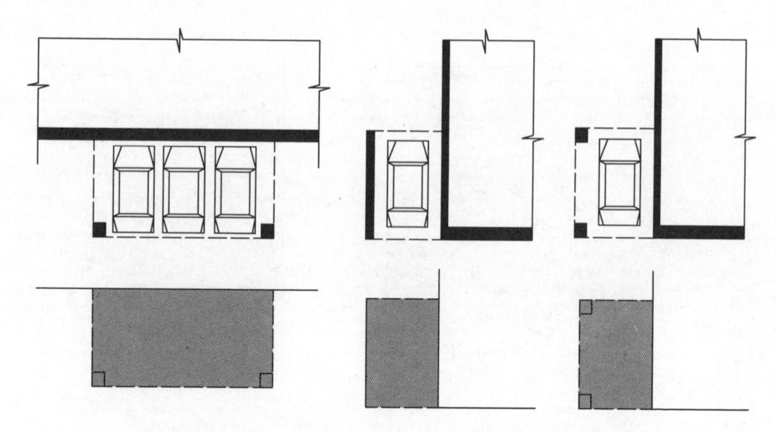

图 5.3.34-2 与房屋相连不封闭车库测量示例图

3 机械式停车库不论其层高(层高不小于 2.20 m)和机械式停车设备停放车辆的层数以及车辆停放高度,应按房屋自然层测量边长,见图 5.3.34-3。

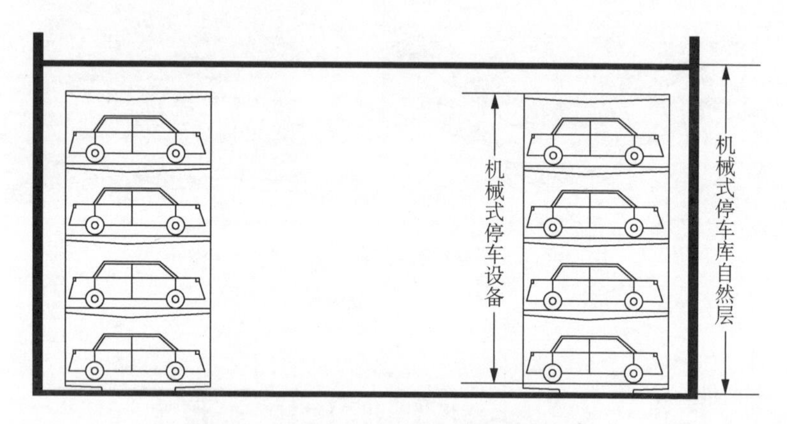

图 5.3.34-3 机械式停车库测量示例图

5.3.35 棚架结构的测量应符合下列规定:

1 有柱的车棚、货棚等按柱水平外围测量边长,单排柱的车棚、货棚按其上盖水平投影测量边长,见图 5.3.35-1(a)和(b)。

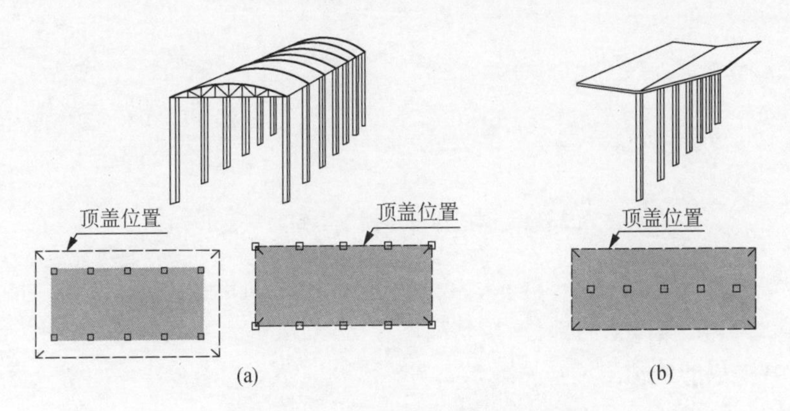

图 5.3.35-1　车棚、货棚测量示例图

2　依房搭建的棚架结构按围护结构水平外围测量边长；房屋之间依房搭建的棚架结构按棚架和房屋围护结构合围的空间水平投影测量边长，见图 5.3.35-2。

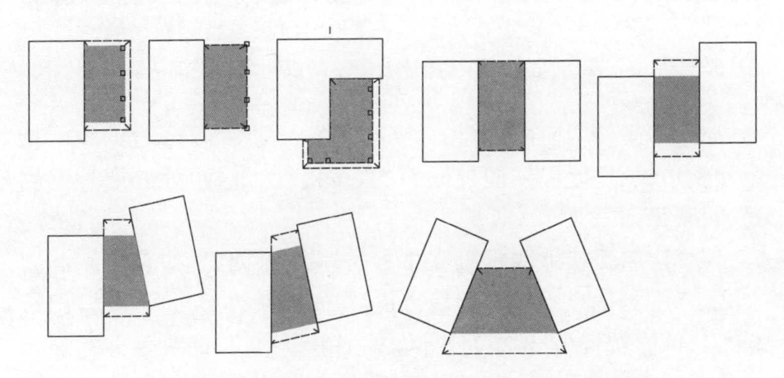

图 5.3.35-2　常见依房搭建的棚架结构测量示例图

3　依房搭建的棚架结构下用作街巷通行的不需测量。

5.3.36　斜、弧状结构的测量应符合下列规定：

1　斜(或拱形)屋顶下加以利用的空间，设计有正规楼梯到达、具备通风与采光条件的，其高度在 2.20 m 及以上的部位，按其高度在 2.20 m 处水平投影测量边长，见图 5.3.36-1。

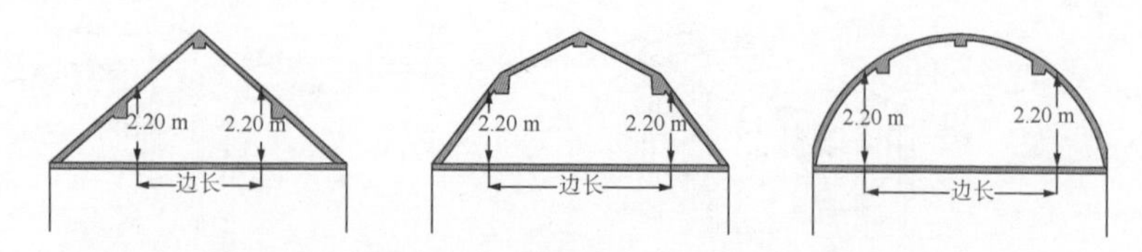

图 5.3.36-1　斜或拱形屋顶下空间的测量示例图

2　看台、室外楼梯、室外坡道下加以利用的空间，高度在 2.20 m 及以上的部位，按其高度在 2.20 m 处水平投影测量边长（多层的分别测量），见图 5.3.36-2。

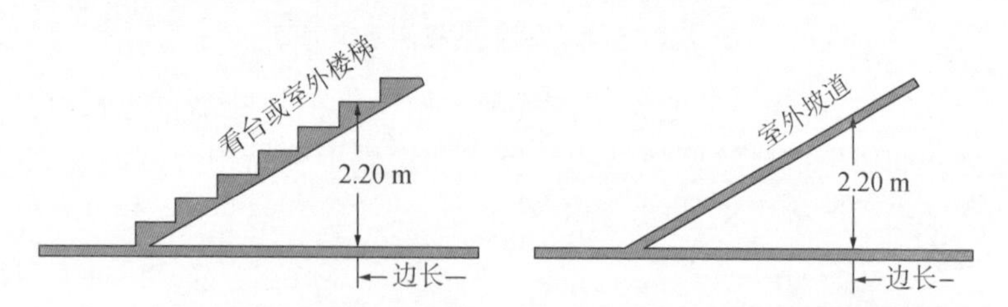

图 5.3.36-2　看台、室外楼梯、室外坡道下加以利用的空间的测量示例图

3　房屋外墙向内倾斜的，按其外墙高度 2.20 m 处的水平投影测量边长；房屋墙体向外倾斜的，按楼板（地板）处外墙外围测量边长，见图 5.3.36-3。

4　房屋弧状外墙投影在楼板（地板）以内的，按其外墙高度在 2.20 m 处的水平投影测量边长；房屋弧状外墙投影在楼板（地板）以外的，按楼板（地板）处外墙外围测量边长，见图 5.3.36-3。

5　斜柱支撑结构柱向内倾斜，若上盖水平的，按柱上端外围测量边长；若斜柱上盖与柱同倾斜，上盖外沿高度在 2.20 m 以上的，按上盖与柱交接处柱外围测量边长；上盖外沿高度在 2.20 m 以下的，按上盖高度在 2.20 m 处水平投影测量边长。斜柱支撑结构柱向外倾斜，按柱底端外围测量边长；若斜柱紧靠房屋外墙向外倾斜的，则不需测量，见图 5.3.36-4。

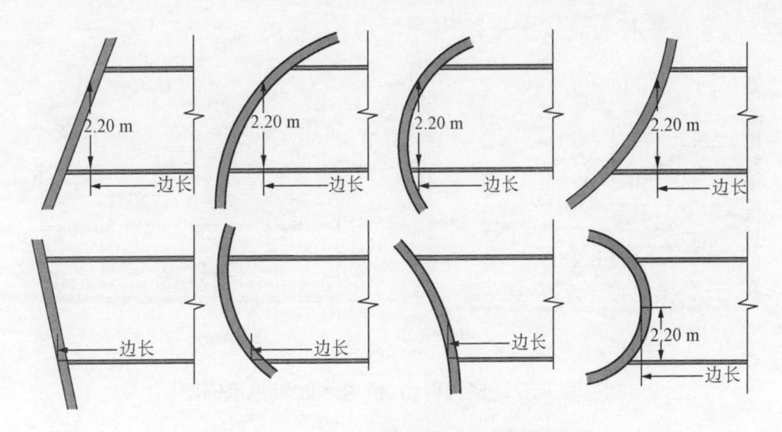

图 5.3.36-3　非垂直墙体测量示例图

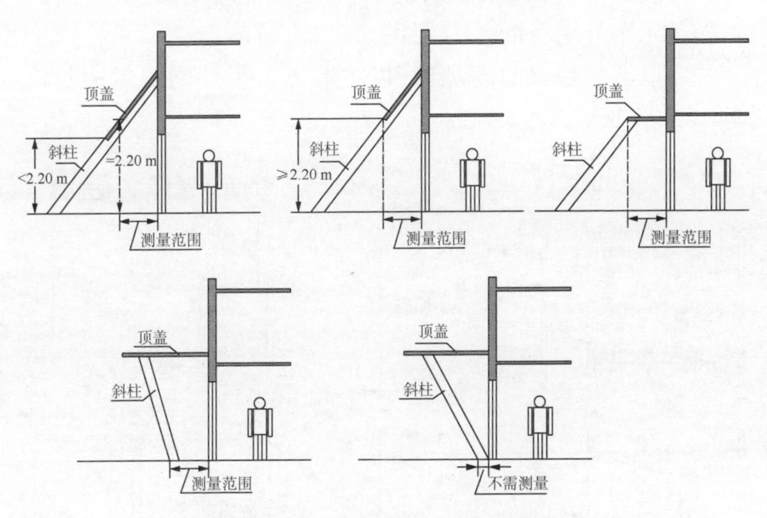

图 5.3.36-4　非垂直柱测量示例图

5.3.37　室内看台、室内水池的测量应符合下列规定：

1　体育馆、剧场、影院内的看台，按其水平投影测量边长(多层的按多层测量)，见图 5.3.37(a)。

2　室内水池按水平内围测量边长，见图 5.3.37(b)。

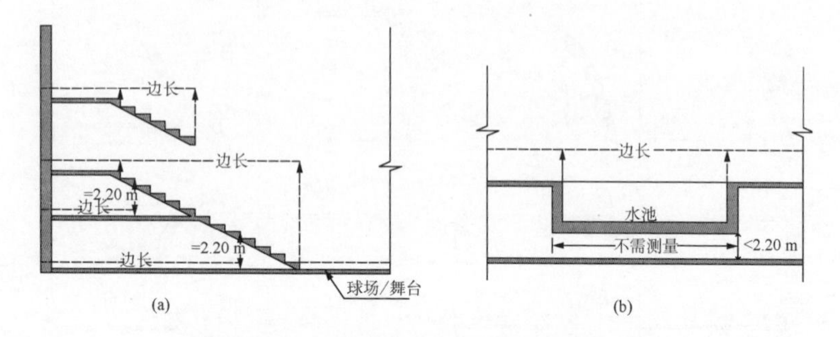

图 5.3.37　室内看台、室内水池测量示例图

5.3.38　幕墙的测量应符合下列规定：

1　玻璃幕墙、金属幕墙以及其他材料幕墙等作为房屋外墙的，按其水平外围测量边长，见图 5.3.38-1(a)。

2　既有主墙又有幕墙时，以主墙体水平外围测量边长，见图 5.3.38-1(b)。

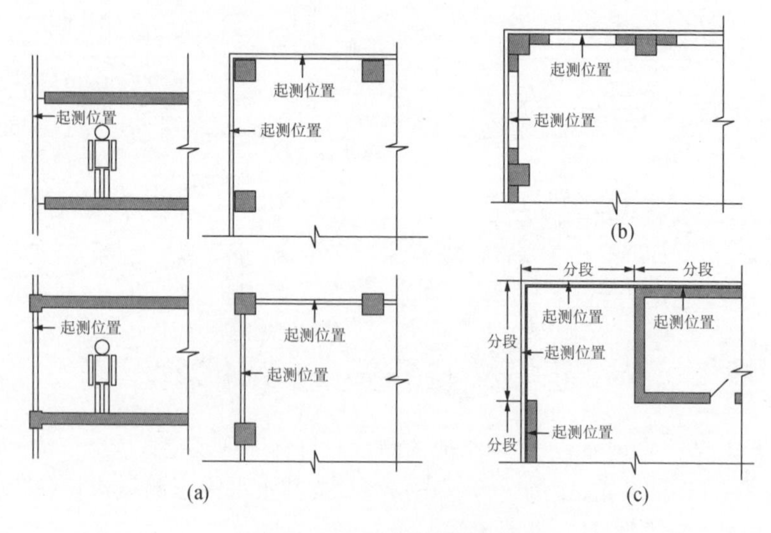

图 5.3.38-1　幕墙测量示例图

3 幕墙中部分有主墙体、部分以幕墙为外墙的，应分别按主墙体和幕墙的水平外围测量边长，见图 5.3.38-1(c)。

4 幕墙无论有无型材外框的，按幕面测量边长，幕墙厚度为幕面至型材内框的距离，见图 5.3.38-2。

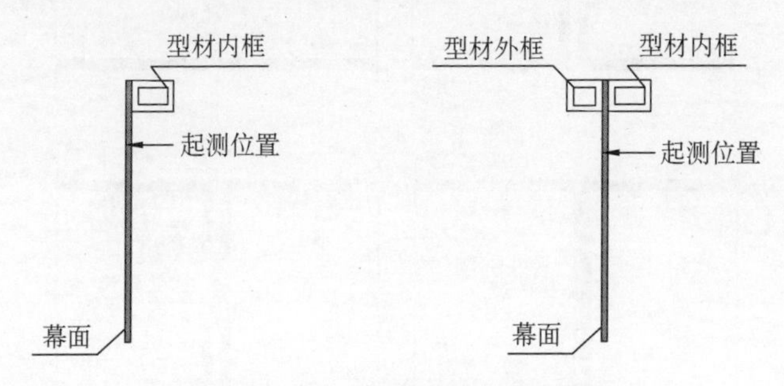

图 5.3.38-2 幕墙位置测量示例图

5.3.39 飘窗窗台面与楼板面高差小于 0.50 m 且飘窗高度不小于 2.20 m，飘窗按其围护结构水平外围测量边长；否则，飘窗不需测量，见图 5.3.39。

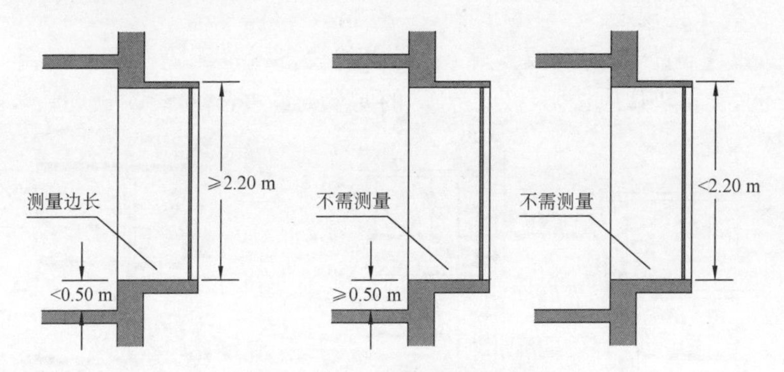

图 5.3.39 飘窗测量示例图

5.3.40 房屋中的变形缝(如：伸缩缝、沉降缝等)，若其与室内相通的，相通部分的变形缝需测量边长，否则不需测量，见图 5.3.40。

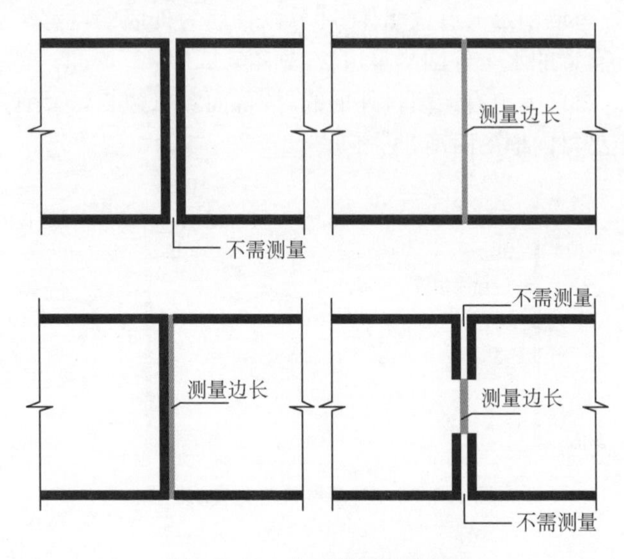

图 5.3.40　变形缝测量示例图

5.3.41　设备机位(如:空调外机位、热水器等)和花池的测量应符合下列规定:

1　置于阳台(或走廊)护栏内的设备机位无隔栏和高平台的,设备机位应按阳台(或走廊)的要求测量边长,见图 5.3.41。

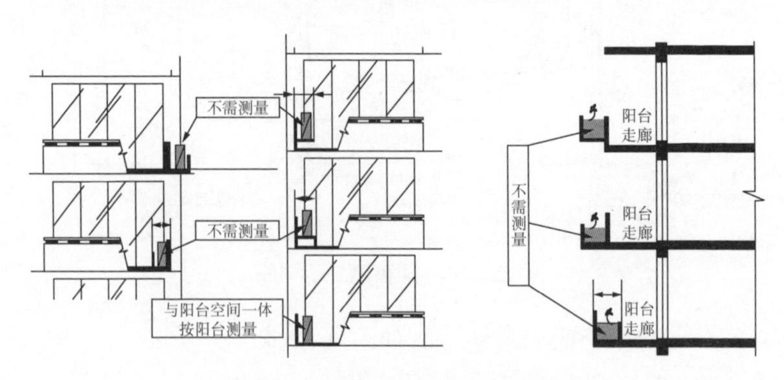

图 5.3.41　设备机位、花池测量示例图

2 外挂于房屋主体结构外侧的设备平台和花池不需测量，见图5.3.41。

3 外挂于阳台(或走廊)护栏外侧的设备平台和花池，置于阳台(或走廊)护栏内的花池不需测量，见图5.3.41。

4 置于阳台(或走廊)护栏内的设备机位，其有高于阳台(或走廊)底板的平台，或有隔栏的，设备机位不需测量，见图5.3.41。

5.3.42 下列部位不需测量：

1 不满足房产平面测量基本要求的房屋及房屋附属部位。

2 凸出房屋外墙面的构件、配件、装饰柱、垛、勒脚、台阶等，以及外墙面上干挂石材或其他干挂板材的装饰层。

3 房屋的天面、挑台，房屋天面上的花园、泳池。

4 房屋的平台、花台、晒台，及房屋外部与室内不相通的类似于阳台、挑廊、檐廊、有柱雨篷等部位。

5 骑楼、过街楼的底层用作道路街巷通行的部分；临街用作社会公共通道的有柱走廊。

6 建筑物内的操作平台、上料平台及利用建筑物的空间安置箱、罐的平台。

7 房屋外墙上与室内不连通的安置设备的平台；外形类似阳台且与室内不连通的设备平台。

8 房屋内结构性密闭空间，与室内不连通的结构性不封闭空间，见图5.3.42。

9 利用引桥、高架路、高架桥路面作为顶盖的建筑。

10 广场式室外楼梯。

11 独立烟囱以及亭、不上人塔、罐、户外池、储仓、圆库、地下人防干、支线。

12 用于检修、消防的室外竖直爬梯。

13 屋顶上的水箱或储水池。

14 由室外地面通向房屋的无上盖的坡道。

15 舞台及后台悬挂幕布、布景的天桥、挑台。

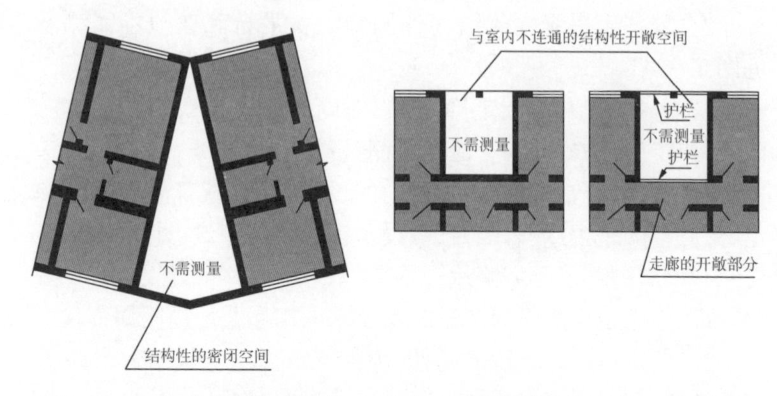

图 5.3.42 结构性的密闭空间、与室内不连通的结构性开敞空间示例图

16 岗亭、警亭、书报亭。

17 屋面上不封闭的观景建筑设施,如观景亭、观景台等。

5.3.43 符合下列规定的房屋,以及车位、摊位等特定空间,应认定为专有部位:

1 具有构造上的独立性,能够明确区分。

2 具有利用上的独立性,可以排他使用。

3 能有登记成为特定业主所有权的客体。

5.3.44 专有部位按其边界墙体中心线测量边长,专有阳台或其他专有附属部位按其对应的测量细则测量边长。斜(弧)面结构房屋专有部位按其内层高在 2.20 m 及以上的空间、层高 2.20 m 及以上的内隔墙和层高 2.20 m 及以上的周边隔墙中心线向套内一侧半墙测量边长。

5.3.45 房屋共有部位主要由房屋中的设备用房、通行部位、管理服务用房、共有墙体四部分组成。其设备用房、通行部位、管理服务用房按其边界墙体中心线测量边长。

Ⅳ 绿地专业要素测量

5.3.46 绿地专业要素测量应符合下列规定:

1 绿地外轮廓边线以及所在屋面标高与基地地面标高高差不超过 50 m 的屋顶绿化外轮廓边线应采用地形测量的方法实测。

2 满足相关测量条件的屋顶绿化应测量多处覆土深度，并计算平均值。

3 绿地下有地下空间的，应测量绿化种植的地下空间顶板标高及地块周边道路地坪最高点标高，同时应测量地下空间顶板上覆土深度。

4 覆土深度可采用钢尺等直接测量。

5 屋面标高、基地地面标高、地下空间顶板标高及道路地坪标高的测量应采用本标准第 5.1.6 条的相关方法。

6 大型购物（娱乐）中心、宾馆、商住等附属经营性停车场地内，种植胸径在 8cm 以上的单棵树木，应统计其数量。其中，胸径可采用钢尺等直接测量，树木可采用地形测量的方式测量并统计其数量。

7 水体应区分水底铺装是否硬质及水体是否通航，应实地核查。

V 民防专业要素测量

5.3.47 民防专业要素测量包括本市民防工程以及兼顾人民防空要求建设的地下空间。

5.3.48 民防工程竣工验收测量前应收集《民防总平面图》《民防建筑平面图》《民防建筑施工图设计说明》《民防工程施工图审查意见书》《民防建设工程安全质量监督申报表》等资料。

5.3.49 地面要素测量及核实应符合下列规定：

1 主要实测战时主要出入口出地面段平面位置，并在总平面图中标明出地面段位置，标注平面坐标，统计其数量，并核实防倒塌棚架安装情况。

2 总平面图中标明战时次要出入口出地面位置，并核实战时次要出入口现状，统计其数量。

3 实测战时进风口、排风口，排烟口出地面段平面位置，并在总平面图中标明出地面段位置，标注平面坐标。分别核实进风口与排风口、排烟口的水平距离和垂直高差。

5.3.50 民防工程内部空间要素测量应符合下列要求：

1 实测各防护单元防护区建筑面积，使用面积，结构面积，辅助面积，战时人员、物资、车辆掩蔽面积，预定战时防空功能的地下室面积。无法实测的隐蔽性工程，可通过收集设计、施工等相关资料获得。

2 实测各层层高、室内标高、梁底和管底净高等。

5.3.51 测量前应通过现场调查，根据民防工程战时图纸，明确各防护单元的区域划分和战时用途。主要包括：各防护单元战时出入口、防毒通道、洗消间、密闭通道、扩散室、除尘室、滤毒室、防化通信值班室、防化器材储藏室、战时风机房、战时泵房、战时柴油电站、战时水箱、战时厕所、通风井等。

Ⅵ 机动车停车场(库)专业要素测量

5.3.52 本标准中的停车场(库)是指本市建设项目按照规划设计条件和配建标准配套建设的机动车停车场(库)以及机动车公共停车场(库)。所有停车场(库)的测绘成果，应以电子地图的形式提交。在前期停车设计审核意见中明确规定智慧停车场(库)建设要求的，还应测绘相应的智慧停车要素及设施。

5.3.53 停车场(库)竣工验收测量前应收集下列资料：《停车场(库)总平图》《停车场(库)分层图》《机动车停车场(库)交通设施布置图》《市或区交通主管部门的停车设计审核意见书》。在前期停车设计审核意见中明确规定智慧停车场(库)建设要求的，还应收集包含智慧停车设施安装布置情况的《机动车停车场(库)交通设施布置图》等资料。

5.3.54 停车场(库)空间要素测量应符合下列要求：

1 停车场(库)的空间位置需与规划资源验收专业要素测量数据一致。

2 测量停车场(库)出入口的中心点。

3 测量停车区域外轮廓面。

4 测量停车场(库)道路标线边缘轮廓面。道路标线包括方向箭头、车道线、停止线、停车让行线、减速让行线、减速带、人行横道、人行横道预警、禁止停车区(网状线)、路面数字/文字/符号标识、防滑车道标线等。

5 测量停车场(库)道路标志中心点,标志中心点距地面高度。

6 测量停车场(库)附属安全设施轮廓面,设施中心点距地面高度。

5.3.55 智慧停车场(库)除符合停车场(库)空间要素测量外,还应符合下列要求:

1 测量停车场(库)收费系统道闸中心点。

2 测量停车场(库)停车信息采集发布设备中心点,设备中心点距地面高度。

3 测量停车场(库)停车位智能管控设备中心点。

4 测量停车场(库)定位基站设备中心点、路侧单元设备中心点、全息感知系统设备中心点,以及这些设备中心点距地面高度。

5 测量停车场(库)兴趣点设施的中心点。兴趣点设施包括商场/超市入口、直梯口、扶梯口、楼梯口、停车场入口、停车场出口、洗车店、卫生间等。

6 测量停车库停车位顶点,柱、墙的拐角顶点,地面方向箭头顶点处的明显点坐标,原则上在停车场(库)每层(含地面)每 1 000 m^2 选取不少于 3 个点,且全面覆盖以上 3 种类型,在整个停车场(库)区域内分布较均匀,见图 5.3.55。

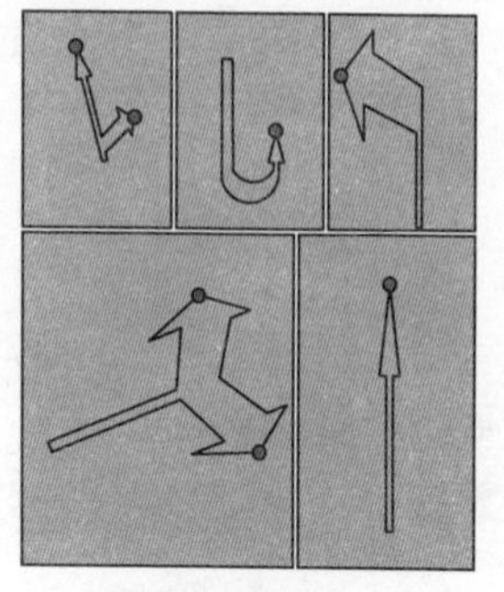

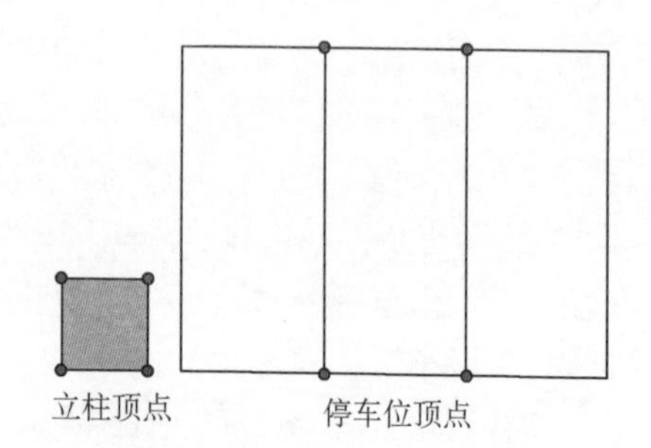

图 5.3.55 停车库停车位，立柱、地面方向箭头顶点测量示例图

5.3.56 停车场(库)验收要素测量应符合下列要求:

1 停车位轮廓线测量:实测一侧停车位线外缘线与另一侧停车位线外缘线的距离;如两个停车位共用一条停车位线,则实测该停车位线的中间线。

2 停车场(库)通道宽度测量:如划设有路缘线,则应为一侧路缘线外缘线与另一侧路缘线外缘线的距离;如未划设路缘线,则应为墙、柱与墙、柱之间或停车位轮廓线外边缘(或机械停车设备的立柱外缘)与另一侧停车位轮廓线外边缘(或机械停车设备的立柱外缘)或柱、墙之间的最小距离。

3 停车场(库)通道转弯半径(内径)测量:实测行车通道中心线等要素,推算出相应行车通道转弯半径(内径)。

4 停车场(库)净空高度测量:实测室内平面自走式停车位地面到顶棚或其他构件底面的距离;实测出入口、主要通道到相应位置顶棚及其附属设施的最小距离。

5 停车场(库)横向净距测量:实测停车位线外缘线与墙、护栏以及其他构筑物之间横向净距;当墙、护栏及其他构筑物有凸出物时,净距应从其凸出部分外缘算起。由于柱与停车位相对位置不合理而影响机动车开门及驾乘人员下车时,应实测柱与停车位外缘线的横向净距。

6　停车场(库)出入口的坡道测量:实测出入口的坡道净宽,直线坡道、曲线坡道以及直线和曲线组合坡道的最大纵向坡度。

5.3.57　停车场(库)应开展现场调查,收集下列信息:

1　确定停车位类型、停车方式以及车位编号,并按要求绘制在停车场(库)分层图上。具体分类见表5.3.57-1～表5.3.57-3。

表5.3.57-1　停车位类型

停车位类型				
微型停车位	小型停车位	轻型停车位	中型停车位	大型停车位

表5.3.57-2　停车位类型

特殊停车位				
无障碍停车位	货车装卸停车位	安装充电设施停车位	子母式停车位	机械式停车位

表5.3.57-3　停车方式

停车方式		
平行式	垂直式	斜列式

2　停车场(库)的进出车道及车行流线。

3　与停车位相邻设施的相关情况,并在停车场(库)分层图、交通及相邻设施布置图上绘制并标注。

1)消防:包括消防车登高操作场地、消防箱等情况。

2)民防:在人防门处于关闭、开启至平时使用状态的门扇区域,以及设有人防门的车道区域,是否设置机动车停车位。除上述禁止区域外的人防门开启范围内,是否有限制设置机动车停车位。

3)市政设施:集排水、排水沟、地面的检查井等情况。

4)其他相邻设施(绿化设施、通道门、配电箱等)情况。

Ⅶ　消防专业要素测量

5.3.58　消防专业要素测量的内容应包括防火间距、消防车道、消防车登高操作场地、消防救援口和建筑消防高度。

5.3.59 防火间距测量应包括下列内容：

1 对照经审查合格的消防设计文件实测建筑物与周边相邻建筑物、储罐、堆场、变压器、道路、铁路等建(构)筑物之间最近水平距离，见图 5.3.59-1～图 5.3.59-3。

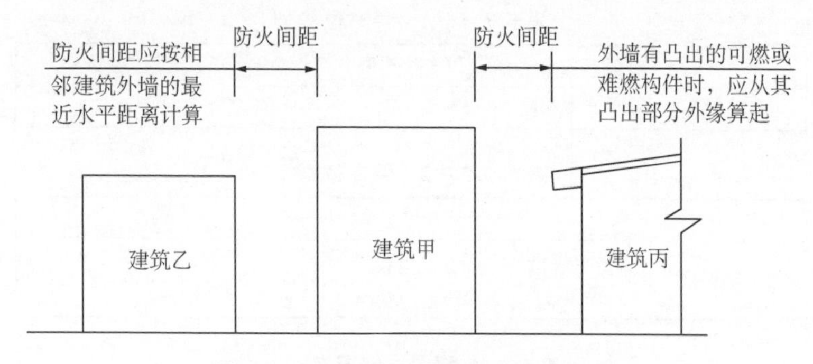

图 5.3.59-1 防火间距测量示例图一

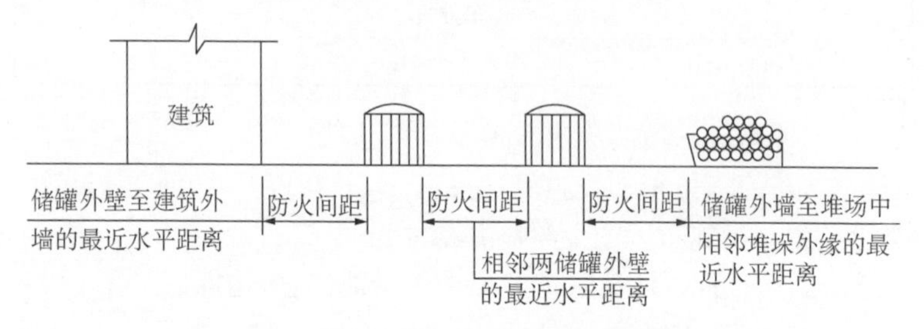

图 5.3.59-2 防火间距测量示例图二

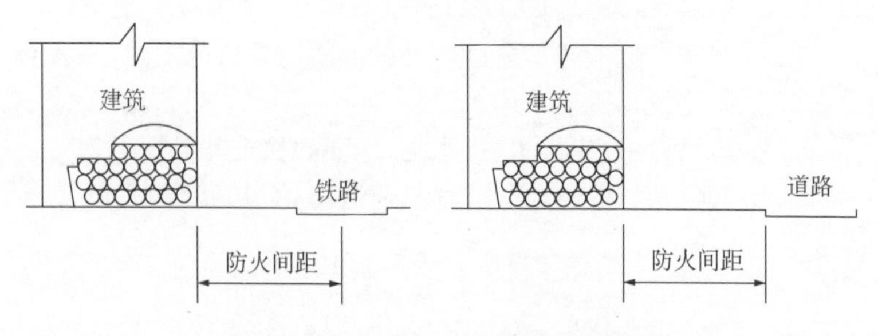

图 5.3.59-3 防火间距测量示例图三

2　对照经审查合格的消防设计文件实测 U 形建筑和回字形建筑两个不同防火分区的相对外墙之间的间距，见图 5.3.59-4。

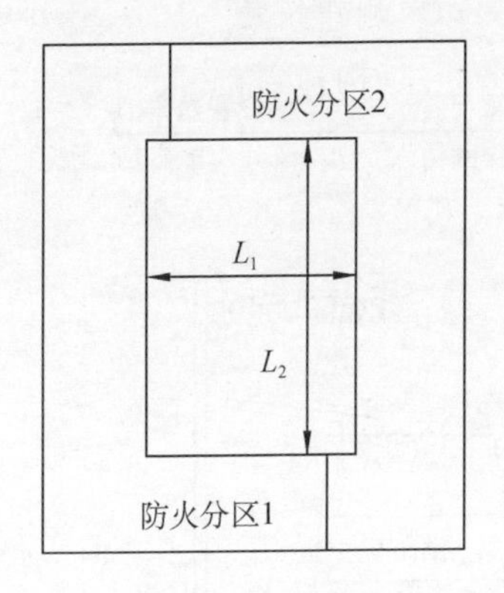

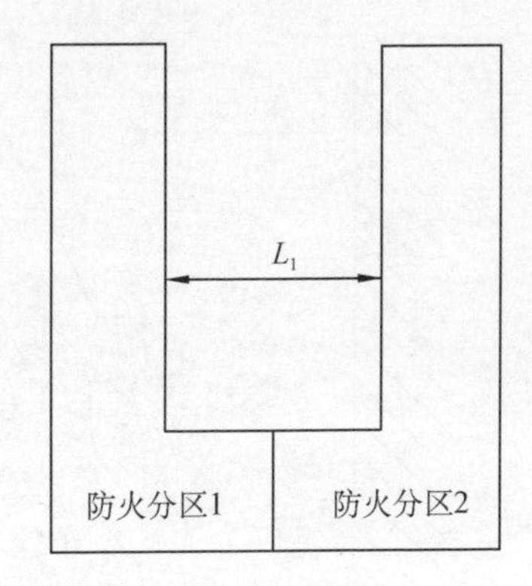

注：L_1、L_2 为两个不同防火分区的相对外墙之间的间距。

图 5.3.59-4　防火间距测量示例图四

5.3.60　消防车道测量应包括下列内容：

1　对照经审查合格的消防设计文件实测消防车道的净空高度、净宽度、坡度和转弯半径，见图 5.3.60-1。

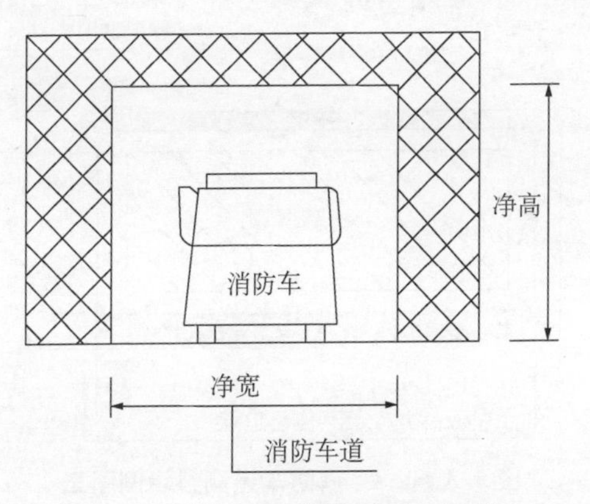

图 5.3.60-1　消防车道测量示例图一

2 对照经审查合格的消防设计文件实测消防车道靠建筑外墙一侧的边缘与建筑外墙的水平距离，见图 5.3.60-2。

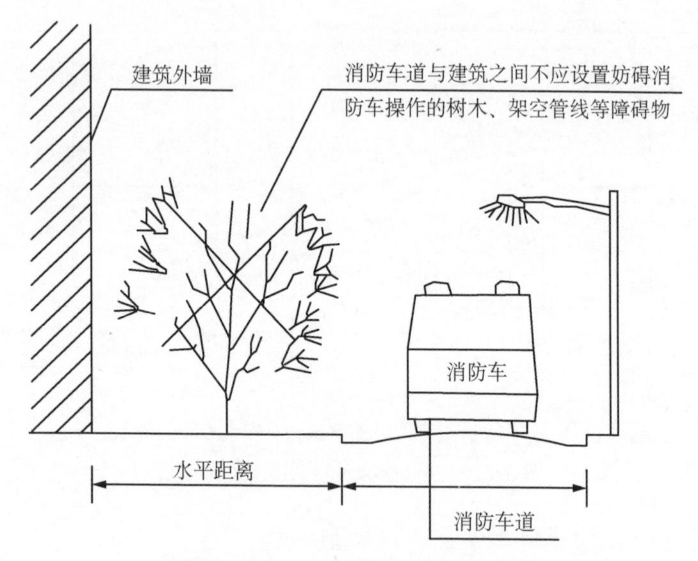

图 5.3.60-2 消防车道测量示例图二

3 对照经审查合格的消防设计文件实测环形消防车道与其他车道连通口，见图 5.3.60-3。

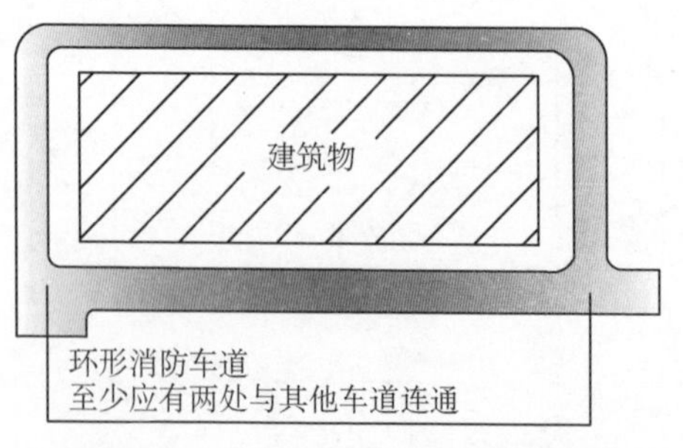

图 5.3.60-3 消防车道测量示例图三

4 对照经审查合格的消防设计文件实测尽头式消防车道回

车场尺寸，见图 5.3.60-4。

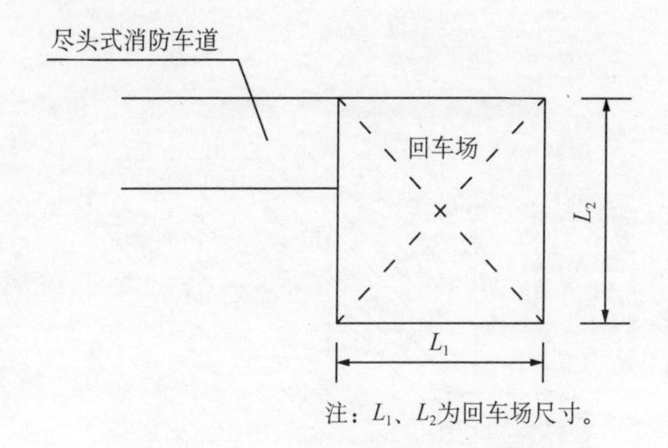

图 5.3.60-4　消防车道测量示例图四

5.3.61　消防车登高操作场地测量应包括下列内容：

1　对照经审查合格的消防设计文件实测消防车登高操作场地的长度、宽度和坡度，见图 5.3.61-1。

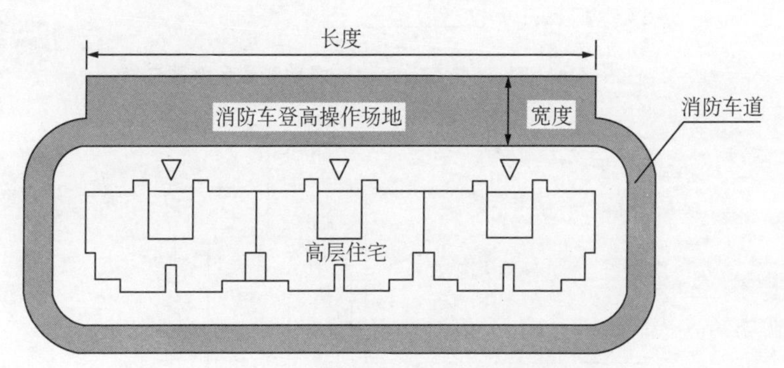

图 5.3.61-1　消防车登高操作场地测量示例图一

2　对照经审查合格的消防设计文件实测消防车登高操作场地靠建筑外墙一侧的边缘与建筑外墙的水平距离，见图 5.3.61-2。

3　对照经审查合格的消防设计文件实测消防车登高操作场地侧的裙房、挑檐或其他凸出物的进深，见图 5.3.61-3。

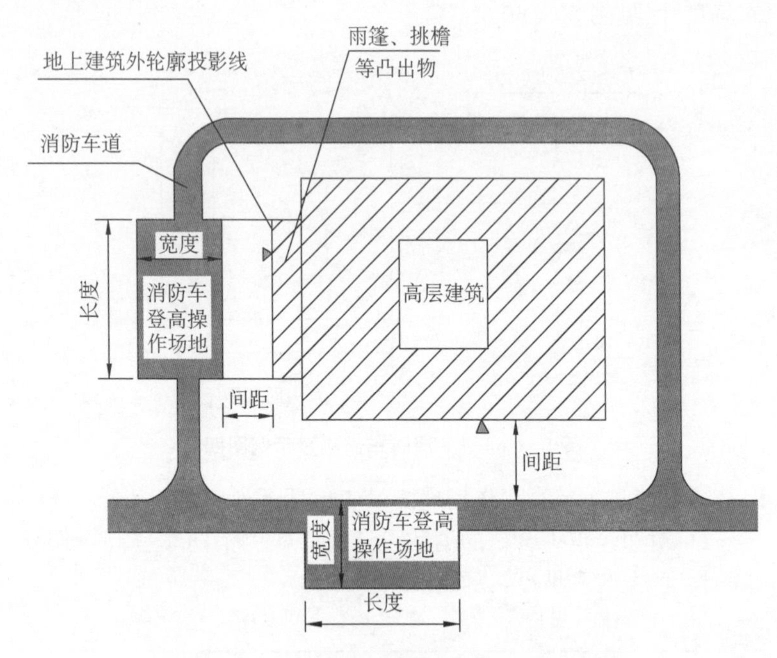

图 5.3.61-2　消防车登高操作场地测量示例图二

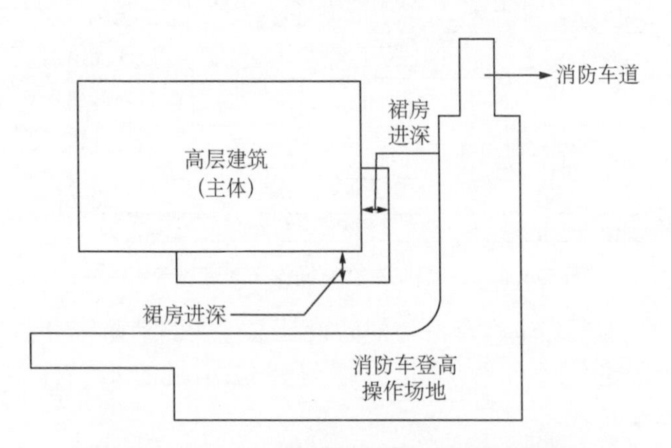

图 5.3.61-3　消防车登高操作场地测量示例图三

5.3.62 消防救援口测量应对照经审查合格的消防设计文件实测其位置、净高度、净宽度和间距，见图 5.3.62。

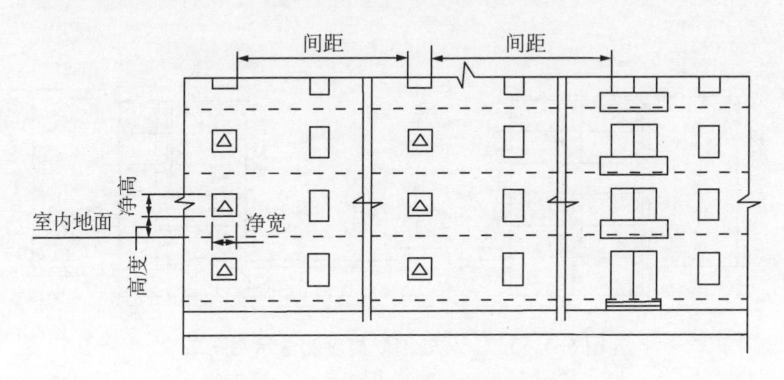

图 5.3.62 消防救援口测量示例图

5.3.63 建筑消防高度测量应包含下列内容：

1 当建筑屋面为坡屋面时，分别实测建筑室外地面至其檐口与屋脊的高度，见图 5.3.63-1。

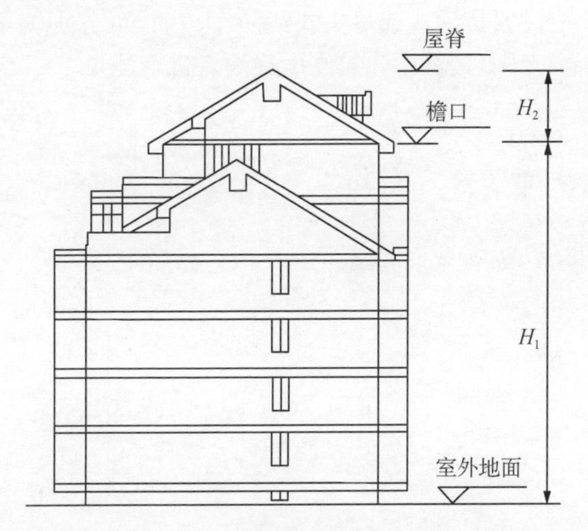

注：建筑消防高度 $H = H_1 + (1/2)H_2$。

图 5.3.63-1 建筑消防高度测量示例图一

2　当建筑屋面为平屋面(包括有女儿墙的平屋面)时,实测建筑室外地面至其屋面面层的高度,见图 5.3.63-2。

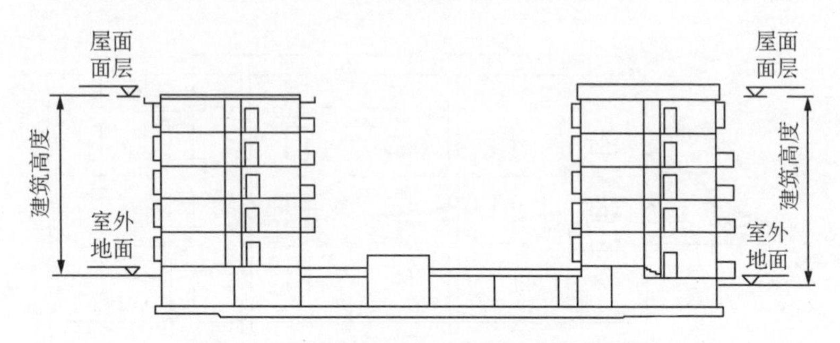

图 5.3.63-2　建筑消防高度测量示例图二

3　当同一座建筑有多种形式的屋面时,消防建筑高度按上述方法分别测量。

4　对于台阶式地坪,当位于不同高程地坪上的同一建筑之间有防火墙分隔,各自有符合规范规定的安全出口,且可沿建筑的两个长边设置贯通式或尽头式消防车道时,可分别测量各自的建筑高度。否则,按其中建筑高度最大者进行测量。

6 成果计算与制作

6.1 一般规定

6.1.1 本章适用于本市建筑工程“多测合一”测量各阶段所需成果的计算与制作，各阶段涉及成果及指标应由实测的坐标点、边长、距离、高度、高程等要素计算获得。

6.1.2 在各阶段成果的计算与制作中，除另有规定外，长度、高度统一采用“m”作为单位，数据取位精确至小数点后两位(0.01 m)；面积统一采用“m^2”作为单位，除房产及民防测绘面积取位精确至小数点后两位(0.01 m^2)外，其余面积取位精确至小数点后一位(0.1 m^2)；率统一采用“%”作为计量单位，数据取位精确至小数点后两位(0.01%)；占比统一采用“%”作为计量单位，数据取位精确至小数点后一位(0.1%)。

6.1.3 规划资源验收、民防、房产面积精度应符合本标准第3.2.8条，绿地面积、停车位面积精度应符合本标准第3.2.9条。

6.2 开工放样复验(阶段)成果计算与制作

6.2.1 成果应计算地上、地下各单体建(构)筑物占地面积。

6.2.2 成果制作中应对所测轴线或轮廓线等情况作必要说明。

6.2.3 建筑工程基地面积以房屋土地权属调查报告书中的基地面积为准，根据界址点坐标绘制建筑工程基地面积图。

6.2.4 开工放样复验成果根据要素测量内容制作，主要包含下列内容：

1 测绘项目技术说明书。

2　建筑工程开工放样检测成果汇总表。

3　建筑工程规划数据、检测数据对比成果表。

4　建筑工程房角设计坐标、检测坐标对比成果表。

5　建筑工程规划检测成果表。

6　平面图。

7　四至尺寸图。

8　基地面积图。

9　围墙尺寸图。

10　占地面积及尺寸图等。

6.3　竣工(阶段)成果计算与制作

6.3.1　建筑工程“多测合一”测量成果中，总平面图应包含建设单位、项目名称、建设项目土地界址线、周边规划道路红线等相关控制线、建设项目及周边实测地形地貌、绿化交通以及项目建构筑物名称、用途、结构、层次等必要信息；基地面积图应包含建设单位、项目名称、项目用地面积、土地界址线、周边规划道路红线等相关信息。

Ⅰ　规划资源验收计算与成果制作

6.3.2　建筑面积计算应符合现行国家标准《民用建筑通用规范》GB 55031、《建筑工程建筑面积计算规范》GB/T 50353 以及相关国家、行业和地方的规定。

6.3.3　设备层、避难层和设备管道夹层计容建筑面积应按照以下规则计算：

1　设备层指建筑物中专为设置暖通、空调、给水排水和配变电等设备和管道且供维修人员进入操作使用的楼层。避难层指建筑高度超过 100 m 的高层建筑，为消防安全专门设置的供人们疏散避难的楼层。高度在 2.20 m 以下(含 2.20 m)的设备层，其建筑面积不计入容积率。高度大于 2.20 m 的设备层，其建筑面积应计入容积率。对设备层兼作避难层的，高度超过该建筑标准层高度的，其建筑面积应计入容积率。设备层兼作避难层中存在其他非避难空间的（如：楼梯间、电梯井、其他功能性用房），该非避难空间的建筑面积应计入容积率。

2 设备管道夹层指建筑物内单层空间中仅为安排设备管道的楼层。高度在 2.20 m 以下（含 2.20 m）的设备管道夹层，不计算建筑面积。高度大于 2.20 m 的设备管道夹层，应按其外墙结构外围水平面积计算建筑面积并计入容积率。

6.3.4 地下室建筑面积不计入容积率。

6.3.5 半地下室在室外地面以上部分的高度超过 1 m 的，应按下式计算计入容积率建筑面积：

$$A' = K \times A \tag{6.3.5}$$

式中 A'——折算的计入容积率建筑面积（m^2）；

K——半地下室地面以上的高度与其层高之比；

A——半地下室建筑面积（m^2）。

6.3.6 商业、办公建筑应根据层高按下列规则计算计容建筑面积：

1 商业、办公建筑标准层层高不宜超过 4.5 m。标准层层高超出 4.5 m 的，按每 2.8 m 为一层、余数进一的方法折算该层建筑面积，并按折算的建筑面积计入容积率。

2 商业、办公建筑的门厅、大厅、回廊、走廊等公共部分，影院、剧场、体育馆、博物馆、展览馆等公共建筑，大型商业建筑的层高不受本条第 1 款规定限制。

6.3.7 阳台应按下列规则计算计容建筑面积：

1 住宅套内阳台设计进深（取阳台围护结构外围至外墙面的最大垂直距离）不超过 1.80 m（含 1.80 m），且其水平投影总面积小于或者等于 8 m^2 的，阳台面积按其水平投影面积的 1/2 计入建筑面积(容积率);否则,应按其水平投影面积的全面积计入建筑面积(容积率)。

2 保障性住房阳台每套住宅的阳台投影面积大于5.5 m²,其建筑面积计入容积率。空调室外搁板、结构板等凸出建筑外墙、无围护结构且进深不大于1.0 m的,不计入建筑面积。

6.3.8 飘窗台面与室内地面的高差不应小于0.50 m,飘窗高度不应超过2.20 m,且自外墙墙体结构外边线至飘窗外边线距离不超过0.60 m,不计算建筑面积;否则,应按挑出外墙部分的投影面积计算建筑面积并计入容积率。

6.3.9 装饰性阳台、花池、空调室外机搁板(箱)等应按下列规则计算计容建筑面积:

1 进深小于或等于0.6 m的装饰性阳台,不计算建筑面积;否则,应按照本标准第6.3.7条关于阳台的规定执行。

2 花池、空调外挂机搁板、结构板等凸出建筑外墙、无围护结构且进深小于或等于0.6 m的,不计算建筑面积。花池、空调外挂机搁板、结构板等如有围护结构或位于房屋建筑结构围合范围以内或进深大于0.6 m的,则应按其水平投影面积计算建筑面积并计入容积率。

6.3.10 屋顶层建筑面积不超过标准层建筑面积1/8的,不计入容积率。

6.3.11 在浦西内环线以内的建筑基地内,设置为地区服务的市政公用设施(如:变电站、电话局等),当该设施设置在拟建建筑物内,在计算容积率时,可不计该设施的建筑面积;当该设施单独设置,在计算容积率时,可不计该设施的建筑面积和占地面积,但在计算建筑密度时,应计入该设施占地面积。

6.3.12 高、多层民用建筑底层设架空层用作通道、停车、布置绿化小品和居民休闲设施等公共用途的,其建筑面积作为核增建筑面积可不计入建筑容积率面积,但应计入总建筑面积。

6.3.13 住宅分户门、房屋建筑结构围合范围以内的建筑空间,均属套内使用空间，除设计规范有规定外，均应按其水平投影面积计算建筑面积并计入容积率。

6.3.14 建筑物之间因公共交通需要，架设穿越城市道路的空中人行廊道，如廊道内无商业设施且符合下列规定，其建筑面积可不计入容积率：廊道的净宽度不大于 6 m，廊道下的净空高度不小于 5.50 m；但穿越宽度小于 16 m 且不通行公交车辆的城市支路的廊道下的净空高度可不小于 4.60 m。

6.3.15 对限定最低容积率的工业项目确因产业工艺特殊性而采用单层工业厂房形式，且层高超过 8 m 以上的建筑物，在规划管理审批结果或经产业主管部门认定后，土地核验按该层实有建筑面积加倍折算计入容积率核验指标。

6.3.16 建筑物高度计算应符合下列要求：

1 平屋面建筑高度计算：挑檐屋面计算自室外地坪算至檐口顶加上檐口挑出宽度；有女儿墙的屋面，计算自室外地坪算至女儿墙顶。

2 坡屋面建筑高度计算：屋面坡度小于 45°(含 45°)的，计算自室外地面算至檐口顶加上檐口挑出宽度；屋面坡度大于 45°的，计算自室外地面算至屋脊顶。

3 水箱、楼梯间、电梯间、机械房、天线塔、烟囱、装饰构架等凸出屋面的建(构)筑物(附属设施)，但所有建(构)筑物的水平投影面积之和(装饰性构架按构架围合面积计算)超过该屋面水平面积的 1/8，应将该建(构)筑物的高度计入建筑高度；其高度在 6 m 以内，且水平面积之和不超过屋面建筑面积 1/8 的，不计入建筑高度。

4 机场、广播电视、电信、微波通信、气象台、卫星地面站、军事要塞等设施的技术作业控制区内及机场航线控制范围内的建筑，建筑高度应按建筑物室外设计地坪至建(构)筑物最高点计算。

5 历史建筑，历史文化名城名镇名村、历史文化街区、文物保护单位、风景名胜区、自然保护区的保护规划内的建筑，建筑高度应按建筑物室外设计地坪至建(构)筑物最高点计算。

6 当同一座建筑有多种屋面形式，或多个室外设计地坪时，建筑高度应分别计算后取其最大值。

6.3.17 主体建筑立面分层高程计算时，自建筑物底层(一层)室内地坪或±0 开始，逐层计算各层的分层高程。

6.3.18 建筑工程基地面积以土地权属调查报告书中的基地面积为准，根据界址点坐标绘制建筑工程基地面积图。

6.3.19 建筑物占地面积计算，可分别计算每幢建筑物的占地面积，并累加计算基地内所有建筑物的占地面积而得。

6.3.20 围墙长度可通过坐标反算求得。

6.3.21 建筑工程绿地面积计算应按本节第Ⅲ部分绿地面积计算与成果制作的要求执行。

6.3.22 道路面积包括建设基地内宽度 7 m 以上(含 7 m)的道路、桥梁，面积可根据数字化地形图在计算机上求得。

6.3.23 建筑工程开放空间的面积是指在建设基地内，为社会公众提供的广场、绿地、道路、停车场(库)等公共使用的室内外空间(包括平面、下沉式广场和屋顶平台)。开放空间应同时符合下列条件：

1 沿城市道路、广场留设。

2 任一方向的净宽度在 6 m 以上，实际使用面积不小于 150 m^2。

3 以净宽 1.50 m 以上的开放性楼梯或坡道连接基地地面或道路，且与基地地面或道路的高差在±5.00 m 以内(含±5.00 m)。

4 提供室内连续开放空间的，其最大高差为－5.00 m 至＋12.00 m，且开放地面层。

5 向公众开放绿地、广场的，应设置座椅等休息设施。

6 常年开放，且不改变使用性质。

6.3.24 开放空间有效面积应按下式计算：

$$F = M \times N \tag{6.3.24}$$

式中　F——开放空间的有效面积(m^2)；

　　M——开放空间向公众开放的实际使用面积(m^2)；

　　N——有效系数。

6.3.25　开放空间有效系数(N)应按下列条件确定：

1　外开放空间在地面层的，其地坪标高与道路或基地地面的高差在±1.5 m以内(含±1.5 m)时，N=1.0。

2　室外开放空间在屋面上或为下沉式广场的，其标高与道路基地地面的高差在+1.5 m至+5.0 m(含+5.0 m)或−1.5 m至−5.0 m(含−5.0 m)时，N=0.7。

3　提供室外开放空间，其标高与室外基地地面的高差在±5.0 m以内，或提供室内连续开放空间，其标高与室外基地地面的高差在−5.0 m至+12.0 m时，N=1.0。

6.3.26　地下建筑面积计算规则按《上海市地下建筑面积分类及计算规则》执行。

6.3.27　公共汽电车首末(场)站应计算下列内容：

1　公共汽电车首末(场)站用地面积应按车道、候车廊、管理用房、绿化以及其他配套设施用地类型分别计算。

2　公共汽电车首末(场)站发车泊位和蓄车泊位数量应逐个统计。

3　站台、发车区、下客区、行车道、超车道数量应逐个统计。

4　候车廊数量应逐个统计。

5　公共汽电车首末(场)站配建的管理用房等建设工程规划许可证批准的建(构)筑项目建筑面积、高度等计算规则按本章相应规定执行。

6.3.28　建筑工程其他面积计算要求按相应法律、法规、技术标准和相关规定执行。

6.3.29　一宗多期建设工程规划许可证的项目，最终竣工规划资源验收测量成果报告应按照土地核验要求对各期建筑面积、计入容积率面积、绿地面积、占地面积等进行汇总并计算相关经济技术指标。

6.3.30 竣工规划资源验收测量成果根据要素测量内容制作，应包含下列内容：

1 测绘项目技术说明书。

2 建筑工程竣工规划验收测量成果汇总表。

3 建筑工程规划数据、检测数据对比成果表。

4 建筑工程分类面积、不计入容积率建筑面积成果表。

5 建筑工程规划、土地综合验收测量成果汇总表。

6 建筑工程地下建筑面积分类汇总表。

7 建筑工程地下建筑面积分类表。

8 建筑工程规划检测成果表。

9 建筑工程四至尺寸图。

10 建筑工程占地面积图。

11 建筑工程绿地面积图。

12 建筑工程围墙长度图。

13 建筑工程道路面积图。

14 建筑工程停车场面积图。

15 建筑工程单体立面图。

16 建筑工程单体建筑尺寸、面积图。

6.3.31 公共汽电车首末（场）站验收测量成果根据要素测量内容制作，应包含下列内容：

1 测绘项目技术说明书。

2 配建公交枢纽（首末站）测绘成果汇总表。

3 配建公交枢纽（首末站）平面布置图。

4 配建公交枢纽（首末站）候车站台平面图。

5 配建公交枢纽（首末站）候车站台立面图。

6 配建公交枢纽（首末站）出入口平面图。

7 配建公交枢纽（首末站）出入口剖面图。

8 配建公交枢纽（首末站）管理用房立面图。

9 配建公交枢纽（首末站）管理用房建筑尺寸、面积图。

Ⅱ 房产面积计算与成果制作

6.3.32 房屋建筑面积计算应满足本标准第 5.3.18 条的要求。

6.3.33 按围护结构(如:墙、柱、护栏)水平外围计算房屋建筑面积应符合本标准第 5.3.19 条的规定。

6.3.34 房屋建筑面积计算应符合下列规定:

1 单层房屋按一层计算建筑面积,多层房屋按各层建筑面积的总和计算。

2 房屋内的夹层、插层、技术层及其井道和连通的楼梯、电梯井等层高在 2.20 m 及以上的部位,按其围护结构水平外围计算建筑面积。

3 地下室、半地下室:

1) 层高在 2.20 m 及以上的地下室、半地下室及其相应出入口,按其外墙(不包括防潮层及保护墙)水平外围计算建筑面积。

2) 与室内连通的有透明结构顶盖的地下室采光井,按其围护结构水平外围计算建筑面积;与室内不连通的有透明结构顶盖的地下室采光井及露天的地下室采光井不计建筑面积,见图 5.3.22。

4 凸出屋面的建筑:

1) 房屋天面上属永久性建筑(如:楼梯间、水箱间、电梯机房、设备用房等),层高在 2.20 m 及以上的,按其外围水平面积计算。

2) 凸出屋面的电梯机房,当其下方设有缓冲层时,若缓冲层向天面开门且层高在 2.20 m 及以上的,缓冲层应计算建筑面积;若缓冲层不开门的,则不计建筑面积。

3) 房屋天面上有盖和围护结构的景观或装饰性建筑(如:亭、阁、塔、装饰柱廊及其他装饰性架空部位等)不计建筑面积。

5 穿过房屋的通道，按一层计算建筑面积。

6 房屋内层高跨越两个以上自然层的建筑空间（如：门厅、大厅等），按其所在层计算一层建筑面积，其跨楼层形成的上空部位按周边围护结构外围不计建筑面积。上空周边的走廊、回廊及室内阳台（层高不小于 2.20 m）按其围护结构水平外围计算建筑面积。见图 5.3.25，阴影部分为形成上空的扣除面积。

7 井道：

1) 房屋中的井道（如：电梯井、提物井、垃圾道、管道井、通风井、烟道等）按其穿越的房屋自然层（层高不小于 2.20 m）计算建筑面积，见图 5.3.26-1。

2) 观光梯透明结构封闭围护的梯井及不封闭围护结构围护的梯井，按其穿越的房屋自然层（层高不小于 2.20 m）计算建筑面积。无围护梯井的观光梯不计建筑面积。见图 5.3.26-2，阴影部分计算建筑面积。

3) 房屋中的井道（包括观光梯井）在仅穿越跨层部位的部分，按一层计算建筑面积，见图 5.3.26-1。

4) 房屋井道的坑底高于房屋最下层地坪，坑底至坑上一层层高小于 2.20 m 的，最下层的井道不计建筑面积，见图 5.3.26-1。

8 阳台：

1) 全封闭的阳台按其围护结构水平外围计算建筑面积。

2) 不封闭的阳台（如：凸阳台、凹阳台、凹凸阳台、有柱阳台等）按其围护结构外围水平投影一半计算建筑面积。见图 5.3.27-1，阴影部分计算一半建筑面积。

3) 不封闭阳台应具有上盖，上盖高度不应小于 2.20 m 且不应大于 2 个自然层。当上盖满遮阳台时，则其下不封闭阳台按其围护结构外围水平投影一半计算建筑面积；当上盖前沿遮盖阳台前护栏而其侧沿未遮盖阳台侧护栏时，则其下不封闭阳台按上盖侧沿与阳台前护栏外围合围的水平投影一半计算建筑面积；当上盖前沿未遮盖阳台前护栏时，则其下不封闭阳台不计建筑面积；水平投影为“凸”形的不封闭阳台，若其上盖前沿未遮蔽阳台“凸”形前部护栏但遮蔽“凸”形后部护栏的，则其下不封闭阳台按“凸”形后部分护栏外围水平投影一半计算建筑面积。无上盖或上盖高度不符合规定的不封闭阳台不计建筑面积。见图 5.3.27-2，阴影部分计算一半建筑面积。

4）底板坐于地坪上的底层不封闭阳台（底层阳台）符合有护栏、上部 2 层以内有满遮本阳台的不封闭阳台的，按其围护结构外围水平投影一半计算建筑面积。底板坐于下部房屋屋面平台上的不封闭阳台（屋面阳台）参照底层阳台计算建筑面积，见图 5.3.27-3。

5）底层阳台、屋面阳台计算建筑面积的，其护栏中允许开设一个出口，阳台横向护栏中开设有出口的应余留部分护栏，见图 5.3.27-4。

6）底层阳台、屋面阳台两侧有竖直围护结构（如柱、墙）、上盖满遮及护栏围闭的，不论其上部有无类似阳台，按其围护结构外围水平投影一半计算建筑面积，见图 5.3.27-5。此类阳台开设有出口时，面积计算应符合门斗、房屋出入口及有柱雨篷的建筑面积计算规则。

7）不封闭阳台向房屋内延伸，形成部分悬空、部分坐于下层屋顶的阳台，若阳台内延的屋顶部分两侧由竖直围护结构（如墙、柱）围护或符合屋面阳台建筑面积计算规定的，整个阳台按不封闭阳台标准计算建筑面积，否则整个阳台不计建筑面积。见图 5.3.27-6，阴影部分计算一半建筑面积。

8）不封闭阳台横向延伸坐于下层屋顶上形成部分悬空、部分坐于下层屋顶的阳台，悬空部分的按不封闭阳台标准计算建筑面积，坐于下层屋顶的部分按屋面阳台标准计算建筑面积。见图 5.3.27-6，阴影部分计算一半建筑面积。

9）上、下层不封闭阳台投影错位的，下层阳台以其上部 2 个自然层范围内的阳台（或其他形式的上盖）为上盖（上盖进深不应小于该阳台进深），按上盖侧沿与阳台前护栏外围合围的水平投影一半计算建筑面积。见图 5.3.27-7，阴影部分计算一半建筑面积。

10）不封闭阳台护栏内倾的，该阳台建筑面积按护栏上端水平外围尺寸起算；不封闭阳台护栏外倾的，该阳台建筑面积按护栏下端水平外围尺寸起算；不封闭阳台护栏超出底板外沿的，该阳台建筑面积按底板水平外围尺寸起算。此类阳台上盖应遮蔽护栏上端外围，见图 5.3.27-8。

9 室外走廊（包括挑廊、檐廊、连廊）：

1）全封闭的走廊按其围护结构水平外围计算建筑面积。

2）室外无柱有护栏的走廊（无柱走廊，其护栏中允许开设有出口）其建筑面积按围护结构外围水平投影一半计算。无柱走廊的上盖高度应不应小于 2.20 m 且不应大于 2 个自然层。上盖满遮的，按该无柱走廊护栏外围水平投影一半计算建筑面积；无柱走廊沿长度方向部分有上盖遮蔽部分为露天的，上盖遮蔽部分的走廊按上盖与护栏外围合围的水平投影一半计算建筑面积。无上盖或者上盖进深小于走廊护栏进深或者上盖高度不符合规定或者无护栏的无柱走廊，不计建筑面积，见图 5.3.28-1、图 5.3.28-2。

3）无柱走廊护栏内倾、外倾、超出底板外沿的，应按照不封闭阳台护栏标准计算建筑面积，见图 5.3.27-8。

4）室外有柱走廊按其柱水平外围计算建筑面积。有柱走廊柱间附有护栏、廊端有竖直围护结构（如墙）、底板外沿小于柱外围及上盖外沿均小于柱外围情形的，应符合本标准第5.3.19条中测量部位的规定，确定有柱走廊的水平外围，计算其建筑面积。见图5.3.28-3，阴影部分计算建筑面积。

10 架空通廊：

1）全封闭的架空通廊按其围护结构水平外围计算建筑面积。

2）有顶盖不封闭的架空通廊（包括无柱架空通廊和有柱架空通廊）按其围护结构外围水平投影一半计算建筑面积。见图5.3.29-1，阴影部分计算一半建筑面积。

3）无柱架空通廊按其护栏外围水平投影一半计算建筑面积。其上盖应符合满遮护栏且高度不小于2.20 m且不大于2个自然层，否则不计建筑面积，见图5.3.29-2。

4）有柱架空通廊上盖满遮护栏的，按护栏外围水平投影一半计算建筑面积；若柱外围小于护栏外围且上盖遮蔽柱未遮蔽护栏的，按柱外围水平投影一半计算建筑面积；若护栏外围和上盖外沿均小于柱外围的，按护栏与上盖其中小者的外围水平投影一半计算建筑面积，见图5.3.29-2。

5）无顶盖的架空通廊不计算建筑面积。

11 门斗、门廊：

1）门斗应按其围护结构水平外围计算建筑面积。有凸出墙面的围护结构并以上部建筑为上盖的类似门斗的房屋出入口，按其围护结构水平外围计算建筑面积。见图5.3.30-1，阴影部分计算建筑面积。

2）房屋外墙内凹有上盖的出入口，上盖与出入口处房屋外墙合围的空间不计建筑面积，见图5.3.30-2。

3）若房屋外墙内凹有上盖的出入口，其两侧墙前外端有突出的围护结构（如垛墙、柱）的，则按其围护结构水平外围计算建筑面积。见图 5.3.30-3，阴影部分计算建筑面积。

4）门斗常见异形见本标准第 5.3.30 条第 2 款，按图 5.3.30-4 所示阴影部分计算建筑面积。

5）有柱或有围护结构的门廊，按其柱或围护结构水平外围计算建筑面积，见图 5.3.30-5(a)，阴影部分计算建筑面积；独立柱、单排柱或单排支撑结构的门廊，按其上盖水平投影一半计算建筑面积。见图 5.3.30-5(b)，阴影部分计算一半建筑面积。

12 雨篷：

1）有柱（或有柱和侧墙）雨篷或以上部建筑为上盖下有柱（或有柱和侧墙）的建筑空间按其柱水平外围计算建筑面积，见图 5.3.31-1(a)，阴影部分计算建筑面积；独立柱（或独立支撑结构）雨篷或以上部建筑为上盖下有独立柱（或独立支撑结构）的建筑空间，按其上盖水平投影一半计算建筑面积。见图 5.3.31-1(b)，阴影部分计算一半建筑面积。

2）无柱雨篷下的空间不计建筑面积，见图 5.3.31-2。

13 楼梯：

1）室内楼梯（包括自动扶梯）、楼梯间的建筑面积按其通过房屋自然层（层高不小于 2.20 m）计算，见图 5.3.32-1、图 5.3.32-2。

2）室内楼梯每个自然层的建筑面积是按其下一层至本层的楼梯水平投影计算，两层间的楼梯板投影重叠的部分只计一次，见图 5.3.32-2(a)和(b)。

3）室内楼梯、楼梯间在仅通过跨层部位的部分，按一层计算建筑面积。

4）室内最底层楼梯下方空间按最底层楼梯水平投影计算建筑面积，见图 5.3.32-2(b)和(c)。

5）室内楼梯被上层梯洞围护结构水平投影遮盖的部分不计入上层的楼梯建筑面积，见图 5.3.32-2(c)。

6）错层房屋中每个错层楼梯的建筑面积按其错下一层至本层楼梯水平投影计算，最下错层楼梯下方空间按最下错层楼梯水平投影计算建筑面积。见图 5.3.32-3，阴影部分计算建筑面积。

7）层高 2.20 m 及以上有满遮顶盖的室外楼梯，按其围护结构外围水平投影计算建筑面积；层高 2.20 m 及以上无顶盖或顶盖不满遮的室外楼梯，按其围护结构外围水平投影一半计算建筑面积。单层室外楼梯层高不满足 2.20 m 的不计算建筑面积，见图 5.3.32-4。

8）每个楼层室外楼梯的建筑面积，按其下一房屋自然层至本房屋自然层的室外楼梯段围护结构外围水平投影计算，两层间的楼梯投影重叠的部分，只计一次投影。

9）室外楼梯在仅临靠房屋跨层部位的部分，仅按一个楼层计算。

10）层高 2.20 m 及以上的多层室外楼梯，最上层顶盖满遮整个楼梯的，则各楼层室外楼梯均按其围护结构外围水平投影计算建筑面积，见图 6.3.34(c)。最上层上盖满遮部分楼层的楼梯的，则被遮盖的楼层楼梯按其围护结构外围水平投影计算建筑面积，未被遮盖的楼层楼梯按其围护结构外围水平投影一半计算建筑面积，见图 6.3.34(b)。最上层无顶盖或顶盖不满遮室外楼梯的，则各层室外楼梯均按其围护结构外围水平投影一半计算建筑面积，见图 6.3.34(a)和(d)。

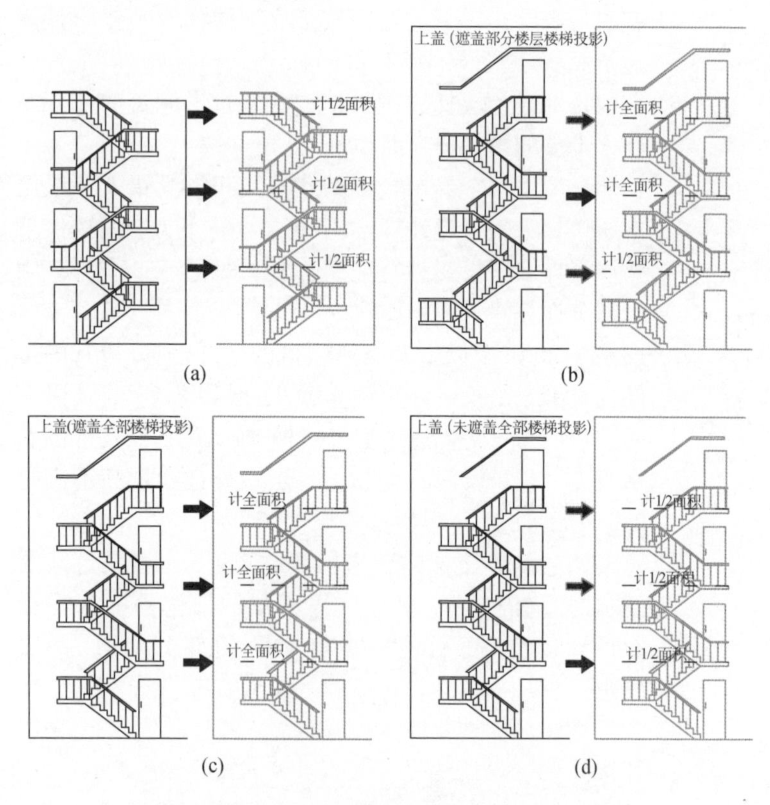

图 6.3.34 多层室外楼梯建筑面积计算示例图

14 架空层：

1）层高 2.20 m 及以上的架空层按其围护结构水平外围计算建筑面积。见图 5.3.33，阴影部分计算建筑面积。

2）依坡地建筑的房屋，利用吊脚做架空层有围护结构的，按其高度在 2.20 m 以上部位的水平外围计算建筑面积。

15 车库：

1）层高 2.20 m 及以上结构不封闭的多层车库按其各层围

护结构水平外围计算建筑面积。见图 5.3.34-1,阴影部分计算建筑面积。

2) 与房屋相连层高 2.20 m 及以上结构不封闭的车库,不论其与室内连通与否,按其围护结构水平外围计算建筑面积。见图 5.3.34-2,阴影部分计算建筑面积。

3) 机械车式停车库不论其层高(层高不小于 2.20 m)和机械式停车设备停放车辆的层数及高度,应按房屋自然层计算建筑面积,见图 5.3.34-3。

16 棚架结构:

1) 有柱的车棚、货棚等按柱水平外围计算建筑面积。见图 5.3.35-1(a),阴影部分计算建筑面积。

2) 单排柱的车棚、货棚按其上盖水平投影一半计算建筑面积。见图 5.3.35-1(b),阴影部分计算一半建筑面积。

3) 依房搭建的棚架结构按围护结构水平外围计算建筑面积;房屋间依房搭建的棚架结构按棚架和房屋外围护结构合围的水平空间计算建筑面积。见图 5.3.35-2,阴影部分计算建筑面积。

4) 依房搭建的棚架结构下用作街巷通行的不计建筑面积。

17 斜、弧状结构:

1) 斜(或拱形)屋顶下加以利用的空间,设计有正规楼梯到达、具备通风与采光条件的,其高度在 2.20 m 以上的部位,按其水平外围计算建筑面积,见图 5.3.36-1。

2) 看台、室外楼梯、室外坡道下加以利用的空间,高度在 2.20 m 以上的部位,按其水平外围计算建筑面积(多层的按多层计),见图 5.3.36-2。

3) 房屋外墙向内倾斜的,按其外墙高度 2.20 m 处以上的水平投影起算建筑面积;房屋墙体向外倾斜的,按楼板(地板)处外墙外围起算建筑面积,见图 5.3.36-3。

4) 房屋弧状外墙投影在楼板(地板)以内的,按其外墙高度

2.20 m 处以上的水平投影起算建筑面积；房屋弧状外墙投影在楼板（地板）以外的，按楼板（地板）处外墙外围起算建筑面积，见图 5.3.36-3。

5）斜柱支撑结构柱向内倾斜，若上盖水平的，按柱上端外围起算建筑面积；若斜柱上盖与柱同倾斜，上盖外沿高度在 2.20 m 以上的，按上盖与柱交接处柱外围起算建筑面积，上盖外沿高度 2.20 m 以下的，按上盖高度在 2.20 m 处以上的水平投影起算建筑面积。斜柱支撑结构柱向外倾斜，按柱底端外围起算建筑面积；若斜柱紧靠房屋外墙向外倾斜的，则不计建筑面积，见图 5.3.36-4。

18 室内看台、室内水池：

1）体育馆、剧场、影院内的看台，按其水平投影计算建筑面积（多层的按多层计）。看台面积计入看台上端楼层的建筑面积。见图 5.3.37(a)，虚线范围计算建筑面积。

2）室内水池按水平内围计算建筑面积，其建筑面积计入水池上口所在楼层的建筑面积。见图 5.3.37(b)，虚线范围计算建筑面积。

19 幕墙：

1）玻璃幕墙、金属幕墙以及其他材料幕墙等作为房屋外墙的，按其水平外围计算建筑面积，见图 5.3.38-1(a)。

2）既有主墙又有幕墙时，以主墙体水平外围计算建筑面积，见图 5.3.38-1(b)。

3）幕墙中部分另有主墙体部分以幕墙为外墙的，应分别按主墙体和幕墙的水平外围计算建筑面积，见图 5.3.38-1(c)。

4）幕墙无论有无型材外框的，建筑面积按幕面起算，幕墙厚度为幕面至型材内框的距离，见图 5.3.38-2。

20 飘窗窗台面与楼板面高差小于 0.50 m 且飘窗高度不小于 2.20 m 的，飘窗部分按其围护结构水平外围计算建筑面积；否则飘窗部分不计建筑面积，见图 5.3.39。

21 房屋中的变形缝(如:伸缩缝、沉降缝等),若其与室内相通的,相通部分的变形缝计算建筑面积,否则不计建筑面积,见图 5.3.40。

22 设备机位(如:空调外机位、热水器等)、花池:

1) 置于阳台(或走廊)护栏内的设备机位无隔栏和高平台的,设备机位按阳台(或走廊)计算建筑面积,见图 5.3.41。

2) 外挂于房屋主体结构外侧的设备平台和花池不计建筑面积。

3) 外挂于阳台(或走廊)护栏外侧的设备平台和花池不计建筑面积。置于阳台(或走廊)护栏内的花池不计建筑面积,见图 5.3.41。

4) 置于阳台(或走廊)护栏内的设备机位,其有高于阳台(或走廊)底板的平台,或有隔栏的,设备机位不计建筑面积。

23 其他不计算建筑面积部位的要求同本标准第 5.3.42 条,其中第 5.3.42 条第 8 款中走廊的开敞部分计算一半建筑面积,见图 5.3.42。

6.3.35 房产平面测量图依据房产平面测量草图绘制,是房产平面测量的成果。房产平面测量图应符合下列制图要求:

1 房产平面测量图的规格宜采用 A4 纸图幅,在使表示的内容清晰易读的条件下,选择合适的比例尺绘制。

2 房产平面测量图要求绘制出房屋内各层的平面外形及层内专有部位和共有部位的平面形状、位置。

3 房屋外墙及专有和共有部位分隔墙绘单实线(专有、共有部位外墙处中心线与房屋外墙线不重合),房屋附属部位(如阳台、廊等)按房产平面图图式规定绘制。

4 注记房屋外廓、专有和共有部位边界线、房屋附属部位边长。

5　专有部位应注记室号(无室号的注部位名称)和房型(仅限住宅),共有部位应注明部位名称或使用功能。

6　门牌号注记在底层实际开门处,其他层次注记在与底层相对应的位置上。

7　层次注记在房屋图形中下部;有名义层次的应同时注记名义层次和实际层次,如“4—5 层”名义层为“5—6 层”,图上标注为“5—6 层/4—5 层”。

8　图上应注明房屋幢号、座落、地上总层数、地下总层数及作图比例尺。

9　应有制图人与检查人签名。

6.3.36　房产测量成果根据要素测量内容制作,应包含下列内容:

1　房产测量技术说明书。

2　房产测量成果认签表。

3　房屋状况汇总表(计算房产面积时有此表)。

4　房产测量图。

Ⅲ　绿地面积计算与成果制作

6.3.37　绿地面积的计算应符合下列规定:

1　绿地面积应根据实测绿地外轮廓边线计算。

2　绿地下有地下空间的,在确保满足以下条件时,可计入绿地面积:

1) 绿化种植的地下空间顶板标高应低于地块周边道路地坪最高点标高 1.0 m 以下。

2) 地下空间顶板上覆土厚度应不低于 1.5 m(特殊项目方案审核时准许外),确保符合植物种植条件。

3　消防登高面、消防通道内的绿化及植草砖不得计入绿地面积。

4　建筑物垂直投影线内绿地不应计入绿地面积。

5 集中绿地的面积不小于 400 m²,且至少有 1/3 的绿地面积在规定的建筑间距范围之外。

6 公共建筑基地内屋顶绿化面积超过建筑占地面积 30%的部分,可折算绿地面积;其他建设项目实施的屋顶绿化可折算绿地面积,不应超过建设工程配套绿化面积的 20%。折算公式如下:

$$WS = WZS \times GX \times LX \tag{6.3.37}$$

式中 WS——屋顶绿化折算的绿地面积(m^2);

WZS——屋顶绿化总面积(m^2);

GX——建筑屋面高差折算系;

LX——屋顶绿化类型折算系数。

其中屋面高差折算系数(GX)、屋顶绿化类型折算系数(LX)的取值见表 6.3.37。

表 6.3.37 屋面高差折算系数、屋顶绿化类型折算系数设定取值

屋面标高与基地地面标高的高差 H(m)		GX
$1.5 < H \leqslant 12$		0.7
$12 < H \leqslant 24$		0.5
$24 < H \leqslant 50$		0.3
屋顶绿化类型		LX
花园式	平均覆土深度 60 cm 以上;绿化种植面积占屋顶绿化总面积的比例不低于 70%;乔灌草覆盖面积占绿化种植面积的比例不低于 70%;园路铺装面积占屋顶绿化总面积的比例不大于 25%;园林小品等构筑物占屋顶绿化总面积的比例不大于 5%	1.0
组合式	平均覆土深度 30 cm 以上;绿化种植面积占屋顶绿化总面积的比例不小于 80%;灌木覆盖面积占绿化种植面积的比例不小于 50%;园路铺装面积占屋顶绿化总面积的比例不大于 20%	0.7
草坪式	平均覆土深度 10 cm 以上;绿化种植面积占屋顶绿化总面积的比例不小于 90%;园路铺装面积占屋顶绿化总面积的比例不大于 10%	0.5

7　绿地率计算应采用下列公式：

绿地率＝绿地面积/基地面积

集中绿地率＝集中绿地面积/基地面积

6.3.38　特殊情况下绿地面积计算应符合下列规定：

1　非硬质材料铺装水底的，水体不通航、岸边可以种植水生植物的，水体计入绿地面积；水体通航的，水体面积不计入绿地面积。

2　大型购物（娱乐）中心、宾馆、商住等附属经营性停车场地内，种植胸径在 8 cm 以上树木的，按每株 1 m^2 计入绿地面积。

3　绿地内应以植物造景为主，绿化种植面积应不少于绿地总面积的 70％。

6.3.39　绿地面积测量成果应制作下列内容：

1　绿地面积测量技术说明书。

2　绿地面积测量成果汇总表。

3　绿地面积图。

Ⅳ　民防面积计算与成果制作

6.3.40　民防面积计算应符合下列要求：

1　层高在 2.20 m 以上（含 2.20 m）且净高 2.00 m 以上（含 2.00 m）的应计算全面积；层高不足 2.20 m 但净高不小于 2.00 m 的应计算 1/2 面积。

2　使用面积＝掩蔽面积＋辅助面积＋口部面积

使用面积是指工程第一道防护门或防护密闭门以内能提供人员使用、物资储存、车辆停放及生活设施、设备设施使用的净面积。

掩蔽面积是指工程最后一道密闭门（战时汽车库为防护密闭门）以内能提供人员使用、物资储存、车辆停放的净面积。

辅助面积是指工程最后一道密闭门（战时汽车库为防护密闭门）以内的生活设施、设备设施等辅助房间[如：厕所、风机房、泵房、水库（箱）、防化通信值班室、防化器材储藏室、通信及配电间、强弱电井、管道井等]所占的净面积。上、下层防护单元之间的连接通道，宽度小于0.8 m的检修通道均计入辅助面积。

口部面积是指工程第一道防护门或防护密闭门、悬板活门以内，最后一道密闭门以外的通道和设备设施房间(含扩散室)的净面积。

3 民防建筑面积＝使用面积＋结构面积＋(口部外通道面积＋竖井面积)

民防建筑面积是指为满足民防工程战时使用功能要求所建设的面积。

结构面积是指工程各层的墙、柱等结构所占水平面积之和。

口部外通道面积是指工程口部第一道防护门或防护密闭门以外与地面出入口连接通道的面积。

竖井面积是指工程第一道防护门或防护密闭门、悬板活门以外的战时使用的风井等的面积。

口部外通道面积与竖井面积是根据各防护单元的战时用途，按照每个防护单元使用面积和结构面积之和的比率进行计算。

战时用途为一等人员掩蔽所、二等人员掩蔽所、物资库的民防工程：(口部外通道面积＋竖井面积)＝(使用面积＋结构面积)×3%

战时用途为医疗救护、街道指挥所、防空专业队工程、人防汽车库的工程：(口部外通道面积＋竖井面积)＝(使用面积＋结构面积)×6%

4 单建式民防工程建筑面积应包含民防建筑面积和其他为满足该工程平时使用功能修建的建筑面积。

5 面积测算应按水平投影净面积测算。

6 根据规范数据分别比对进风口与排风口、排烟口的水平距离和垂直高差。

6.3.41 民防工程测绘成果根据要素测量内容制作，应包含下列内容：

1 民防工程面积测量技术说明书。

2 民防工程面积测量情况汇总表。

3　民防工程面积对照表。

4　民防工程面积明细及汇总表(其中柴油电站面积单列)。

5　民防工程成果图建筑面积分色表。

6　建筑面积及防护单元划分图。

7　结构面积及房间编号图。

8　口部面积图。

9　辅助面积图。

10　使用面积图。

11　掩蔽面积图。

12　民防工程区域范围及战时出入口地面位置示意图。

13　口部外通道、竖井示意图。

14　剖面图。

15　单独修建的民防工程还应包含平时建筑面积图。

Ⅴ　机动车停车场(库)要素计算与成果制作

6.3.42　机动车停车场(库)应统计标注下列要素:

1　对于停车场(库)内符合设置标准、划设停车位线且编号的停车位,按其不同的停车位类型分类逐个统计;同时对于临时上下客性质的停车位应予以标注;受民防设备设施影响的停车位根据文件要求设置限制区。

2　机械式停车位按停车设备升降平台上的停车位数量、类型、尺寸按实分类逐个统计。

3　停车场(库)内的安装新能源汽车充电桩的停车位按实逐个统计。

4　净空高度不足、横向净距不足的停车位应予以标注。

5　与消防、民防、市政(集水井、排水沟等)以及其他设备设施相互占用和利用的停车场(库)停车位应予以标注(将民防工程人防门开启范围内的停车位及相邻区域标注为“车位限停区域、车位禁停区域”)。

6 按不同建筑功能(区分商品住宅、自持租赁房、动迁安置房、经适房、公租房、廉租房、零售商业、餐饮、办公等细化功能)配建的停车位类型,应分类明确相应停车位规模并据实统计。

7 智慧设备统计:对于停车场(库)内安装的智慧设备,按其不同的设备类型分类逐个统计(收费系统道闸、停车信息采集发布设备、泊位智能管控设备、定位基站、路侧单元、全息感知系统)。

6.3.43 停车场(库)测绘成果根据要素测量内容制作,应包含下列内容:

1 机动车停车场(库)测量技术说明书。

2 机动车停车场(库)竣工验收测绘成果汇总表。

3 机动车停车场(库)竣工验收测绘分层数据表。

4 机械式停车设备停车位统计表(有机械式停车设备需提交成果)。

5 住宅项目停车位尺寸实测表。

6 明显点坐标实测表。

7 收费系统道闸实测表。

8 停车信息采集发布设备实测表。

9 泊位智能管控设备实测表。

10 定位基站实测表。

11 路侧单元实测表。

12 全息感知系统实测表。

13 建设项目总平图(地面停车位平面图)。

14 地下(或地上)停车库分层停车位平面图。

15 地下(或地上)停车库分层交通及相邻设施布置图。

16 地下(或地上)停车库出入口平、剖面图。

17 地下(或地面)停车库分层明显点分布图。

18 地下(或地面)停车库分层智能设备分布图。

19 地下(或地面)停车库分层电子地图。

其中,1—5、13—16 为“停车场(库)”需提交的成果,“智慧停车场(库)”还需提交6—12、17—19的成果。

Ⅵ 消防要素计算与成果制作

6.3.44 消防要素的计算应符合下列要求：

1 防火间距的计算方法：

1) 建筑物之间的防火间距应按相邻建筑外墙的最近水平距离计算，当外墙有凸出的可燃或难燃构件时，应从其凸出部分外缘算起。建筑物与储罐、堆场的防火间距，应为建筑外墙至储罐外壁或堆场中相邻堆垛外缘的最近水平距离。

2) 储罐之间的防火间距应为相邻两储罐外壁的最近水平距离。储罐与堆场的防火间距应为储罐外壁至堆场中相邻堆垛外缘的最近水平距离。

3) 堆场之间的防火间距应为两堆场中相邻堆垛外缘的最近水平距离。

4) 变压器之间的防火间距应为相邻变压器外壁的最近水平距离。变压器与建筑物、储罐或堆场的防火间距，应为变压器外壁至建筑外墙、储罐外壁或相邻堆垛外缘的最近水平距离。

5) 建筑物、储罐或堆场与道路、铁路的防火间距，应为建筑外墙、储罐外壁或相邻堆垛外缘距道路最近一侧路边或铁路中心线的最小水平距离。

2 消防车道净高、净宽、转弯半径的计算方法：

1) 消防车道路面相对较窄部位以及车道4 m净高内两侧凸出物最近距离以最小宽度确定为消防车道宽度。

2) 消防车道正上方距车道相对较低的凸出物，凸出物与车道的垂直高度为消防车道净高。

3) 消防车道内侧车道外缘的半径作为消防车道的转弯半径。

3 消防车登高操作场地对照经审查合格的消防设计文件按

实测位置绘制在消防总平面布置图上，并标注各类消防要素。

4 消防救援口应对照经审查合格的消防设计文件按实测位置绘制在建筑物高度立面图上，并标注各类消防要素（详见图 5.3.62-1）。

5 建筑消防高度计算方法：

1） 建筑屋面为坡屋面时，建筑消防高度应为建筑室外地面至其檐口与屋脊的平均高度。

2） 建筑屋面为平屋面（包括有女儿墙的平屋面）时，建筑消防高度应为建筑室外地面至其屋面面层的高度。

3） 同一座建筑有多种形式的屋面时，建筑消防高度按上述方法分别计算后，取其中最大值，见图 6.3.44-1。

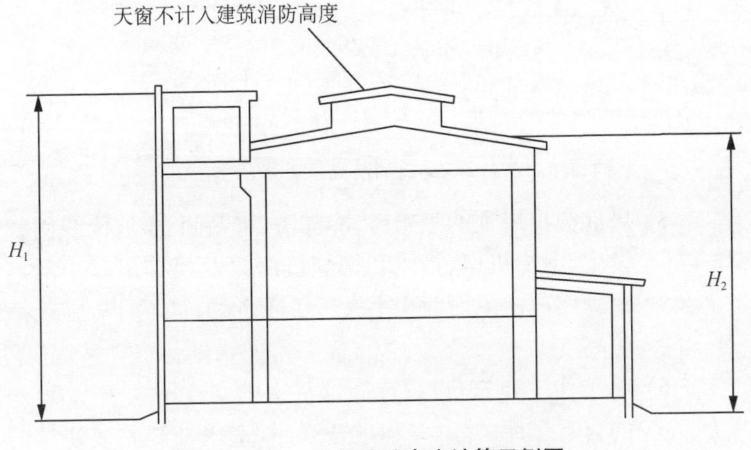

图 6.3.44-1 建筑消防高度计算示例图一

4） 对于台阶式地坪，当位于不同高程地坪上的同一建筑之间有防火墙分隔，各自有符合规范规定的安全出口，且可沿建筑的两个长边设置贯通式或尽头式消防车道时，可分别计算各自的建筑消防高度。否则，应按其中建筑高度最大者确定该建筑的建筑消防高度，见图 6.3.44-2。

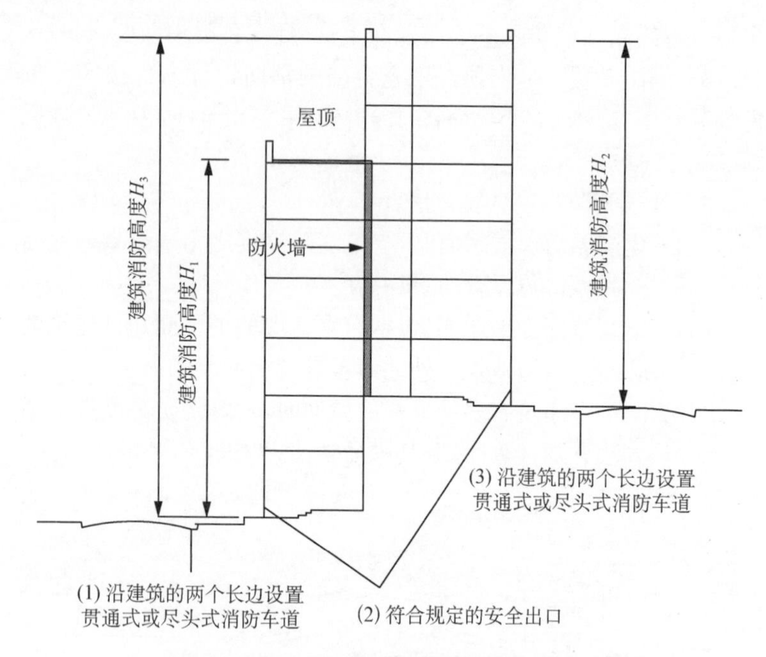

图 6.3.44-2　建筑消防高度计算示例图二

5）局部突出屋顶的瞭望塔、冷却塔、水箱间、微波天线间或设施、电梯机房、排风和排烟机房以及楼梯出口小间等辅助用房占屋面面积不大于 1/4 者时，可不计入建筑消防高度。

6）对于住宅建筑，设置在底部且室内高度不大于 2.20 m 的自行车库、储藏室和敞开空间，室内外高差或建筑的地下或半地下室的顶板面高出室外地面的高度不大于 1.50 m 的部分，可不计入建筑消防高度。

6.3.45　消防测绘报告应包括下列内容：

1　测绘项目技术说明书。

2　消防数据汇总表。

3　消防总平面布置图［标注消防车道、消防车登高操作场地

(如有)]。

4 消防防火间距图。

5 建筑物高度立面图(标注建筑消防高度、消防救援口)。

7 成果标准

7.1 一般规定

7.1.1 建筑工程“多测合一”成果数据应采用地理信息空间数据库存储和管理，其中空间数据采取面向对象、无缝连接的模式，存储点、线、面地理要素的骨架信息及其基本属性。

7.1.2 成果数据的计量单位及格式应符合本标准第 6.1.2 条的规定，日期及时间应符合下列规定：

1 日期：采用长日期型“YYYY-MM-DD”格式，如：2023-06-01。

2 时间：采用 24 小时制“时:分:秒”格式，如：14:20:30。

7.1.3 空间对象信息应由以下七部分组成：

1 要素编码信息：实体对象的分类标识代码，即地形要素编码。

2 图形特征信息：描述实体对象的地理空间位置与基本几何形状的信息（骨架线），如点状地物的空间位置与方向；线状或面状地物的空间位置及基本几何形状（点位置间的连接关系）。

3 属性信息：描述实体对象自身特征以及社会应用等相关的数量、质量、状态的描述性信息。如房屋的结构、层数、权属、年代等数据。

4 符号化信息：基于骨架线的地理要素动态符号化时所需的特征参数信息，如转点、断点、关键点等与空间点位相关的标识信息，调整面状填充效果的参数等。

5 数据标识信息：实体对象在数据空间中的唯一性标识信息，数据标识一旦生成，在数据生命周期内保持不变。

6　时态信息：实体对象的生成、入库、更新等时间信息。

7　工程信息：一般指以工程编号为标识的有关数据来源信息，如生产者、检查者、施测方法、仪器设备等。

7.2　数据分层

7.2.1　数据应分六大类，分别为规划资源验收专业要素测量、房产专业要素测量、绿地专业要素测量、民防专业要素测量、机动车停车场(库)专业要素测量和消防专业要素测量。

7.2.2　每类数据作为一个层组存储，每个层组按对象类型和用途划分，共计87个图层，详见本标准附录C。

7.3　数据库表

7.3.1　每个图层包括图形要素以及属性要素，分别采用点、线、面作为要素的图形信息，并记录相应的属性信息用于要素信息的存储、管理与浏览。

7.3.2　数据库表应包括下列内容(附录D)：

1　规划资源验收专业要素测量：共30个图层，包括规划许可信息、建筑物/构筑物信息以及围墙信息等。

2　房产专业要素测量：共5个图层，包括房产分层/分户信息、房屋平面图等。

3　绿地专业要素测量：共3个图层，包括绿地面积信息、绿地用地信息等。

4　民防专业要素测量：共15个图层，包括防护单元信息、民防工程出入口信息等。

5　机动车停车场(库)专业要素测量：共27个图层，包括地面停车位信息、坡道纵坡成果图信息、泊位智能管控设备图层等。

6　消防专业要素测量：共7个图层，包括消防间距信息、消防登高面信息等。

7.4 属性项及代码

7.4.1 成果标准属性项部分应采用代码枚举值参照的方式。

7.4.2 参照表应包括建筑物范围线属性表_建筑物用途参照表、房屋平面图属性表_测算合一_户_建筑类型参照表等16张,详见本标准附录E。

8 成果检查验收与提交

8.1 一般规定

8.1.1 测绘成果质量控制执行两级检查一级验收制度，测绘成果应依次通过生产单位作业部门的过程检查、生产单位质量管理部门的最终检查和项目管理单位组织的验收或委托具有资质的测绘成果质量检验机构进行质量验收。凡资料不齐全或数据不完整，检查、验收部门或单位不予接收。各级检查工作应按照顺序独立进行，不得省略或替代。

8.1.2 过程检查应采用全数检查，最终检查宜采用全数检查，其中外业检查项可采用抽样检查，检查样本量的确定按现行国家标准《测绘成果质量检查与验收》GB/T 24356 的相关规定执行。检查中发现的质量问题应及时改正并复核。

8.1.3 两级检查记录内容应齐全、完整、规范、清晰，内容不得随意更改。最终检查完成后，应按要求编写检查报告。

8.1.4 地形成果应依次通过两级检查、入库检查和质量验收。入库检查单位对生产单位提交的地形测量成果实施地形成果入库检查。地形成果入库检查以项目为单位，对每一个项目地形测量成果实施内业检查和外业重点要素检查。质量验收采用抽样检查。各级检查中发现的质量问题，应由成果检查、验收部门或单位提出处理意见，返回上一道工序限时整改，直至满足地形成果入库要求。

8.1.5 检查验收依据应满足下列要求：

1 相关的法律法规。

2 相关的国家标准、行业标准。

3 设计书、测绘任务书、测绘合同和委托验收文件等。

4 新工艺、新产品或实验产品的技术设计或质量策划。

8.2 检查验收和质量评定

8.2.1 检查验收应包括下列内容：

1 各类资料的齐全性、正确性，成果报告编制的规范性。

2 技术设计、技术总结和检查报告的合规性、完整性。

3 地物要素和各类专业要素的齐全性、正确性。

4 测绘方法、手段以及精度应符合有关技术规定和要求。

8.2.2 测绘成果质量检查时，应按现行国家标准《测绘成果质量检查与验收》GB/T 24356、《数字测绘成果质量检查与验收》GB/T 18316 以及现行上海市工程建设规范《测绘成果质量检验标准》DG/TJ 08—2322 和相关标准进行质量评定。

8.2.3 样本及单位成果采用优、良、合格和不合格四级评定。

8.2.4 测绘单位应评定测绘质量成果等级。

8.3 成果资料提交

8.3.1 提交的成果资料应包括但不限于以下内容：

1 项目合同或任务书(单)。

2 技术设计、生产过程中的补充规定，技术总结。

3 抄录的平面高程控制数据。

4 原始观测数据。

5 成果数据，包括相应电子数据。

6 各类计算资料、图、表、说明等。

7 生产该成果使用的测绘仪器的检校资料。

8 客户提供的相关资料。

9 两级质量检查记录、检查报告等。

8.3.2 提交的纸质资料应为原件的正向、彩色、清晰扫描件或图片。

附录A　建筑高度测量

A.0.1　地形测量时应采集建筑高度。建筑高度可包括建筑物主体最高处到室外地坪的垂直距离;建筑物主体顶端设备间到建筑物主入口室外地坪的垂直距离;建筑物主体顶端各种天线、避雷针或旗杆等最高处到室外地坪的垂直距离。坡屋顶房屋高度应包括屋脊、檐口至室外地坪的垂直距离;房屋、棚房、简房等需采集入口处地坪高程。

A.0.2　地面高程测量可采用几何水准或三角高程方法。建筑物高程可采用三角高程测量建筑物高度,也可采用直接法测量高度,并计算高程。

A.0.3　建筑高度测量应包括以下内容:

1　室外地坪建筑物主要出入口处室外地坪高程 h_0。

2　建筑物主体最高处到室外地坪的垂直距离 h_1。

3　建筑物主体顶端各种设备间或水箱等附属物的最高处到室外地坪的垂直距离 h_2。

4　建筑物主体顶端各种天线、避雷针或旗杆等附属设施的最高处到室外地坪的垂直距离 h_3。

注:图A.0.3-1、图A.0.3-2列举了几种典型建筑物类别,实际屋顶类型可以看作以下几类的组合:

1) 属性字段 H_0、H_1、H_2、H_3 高程值的单位为米(m)。

2) H_0——一般选择靠近建筑物主出入口处的某一点采集其概略坐标作为建筑物高度的起算点。

3) h_1——建筑主体的高度,测至女儿墙或房檐最高处,属性字段中的建筑高程 $H_1=h_1+H_0$。

4) h_2—— 设备间或水箱等附属物最高处到室外地坪高

度，若屋顶有多个附属物时，只测最高的一个即可，属性字段中的附属物高程 $H_2=h_2+H_0$。

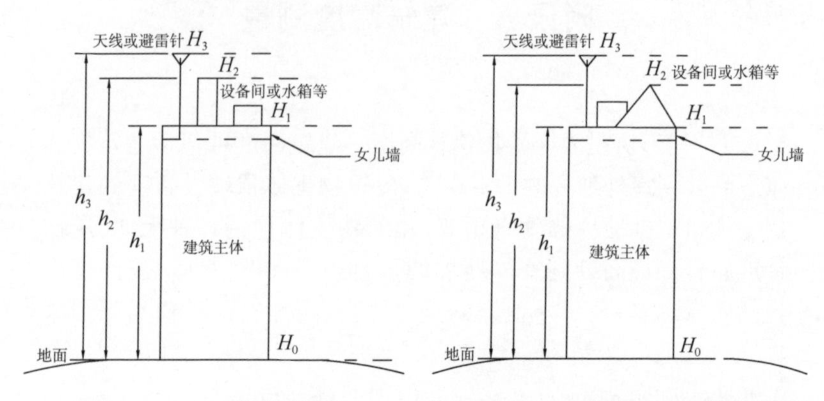

图 A.0.3-1 平顶屋顶图

图 A.0.3-2 坡屋顶、尖顶或弧形屋顶

5）h_3——各种天线、避雷针或旗杆等附属设施最高处到室外地坪高度，若屋顶有多个附属设施时，只测最高的一个即可，属性字段中的附属设施高程 $H_3=h_3+H_0$。

6）对图 A.0.3-3 所示的阶梯状屋顶，虽然实地是一幢建筑物，若地形成果中被表示为三幢的，要按三幢分别测量各个高度。

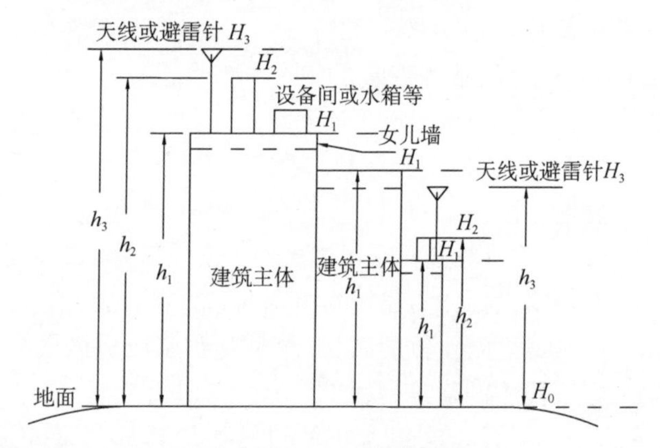

图 A.0.3-3 阶梯状屋顶

7）一幢建筑物只允许保留一个高度起算点。某些建筑物可能没有相应的 h_2、h_3 高度值，即顶部没有附属物或附属设施，其相应属性字段一律填“0”。某些建筑物条件所限无法测量 h_2、h_3 高度值，其相应属性字段一律填“−1”。

附录 B　门牌号采集

B.0.1　门牌号采集应符合下列原则：

1　住宅小区、临街房屋、单位等由相关管理部门核发的正规门牌号需采集。

2　手写、非正规门牌号以及小区用于指示号码范围的门牌号无需采集。

B.0.2　门牌号采集及注记应符合下列要求：

1　住宅小区出入口以及小区内的单幢房屋的门牌号应实地采集且注记为可见，住宅小区出入口的门牌号注记点位应位于出入口中间位置。

2　临街房屋应实地采集。每幢房屋按首、尾两处注记可见，较长的房屋按首、中、尾三处注记可见，其余位置注记为不可见。

3　单位出入口的门牌号应实地采集且注记为可见，注记点位应位于出入口中间位置。如果多家单位共用一个门牌号，应采集出入口挂有铭牌的单位名称。出入口未挂有铭牌的办公楼，应采集办公楼名称。

4　可见门牌号应按照光线法则注记，注记方向应平行于注记点位处的房屋（墙）边线，且应注记于房屋（墙）内部，不应压盖房屋（墙）边线；不可见门牌号只需保证注记点位和信息正确。

5　门牌号注记字段中的弄、号中的数字应采用阿拉伯数字填写。

6　门牌号注记字段不应存在空格或非法字段。

7　门牌号注记之间不应相互压盖，可移动注记点位置。

附录C 数据分层表

表C 数据分层

层组	层名	几何类型	要素内容
规划资源验收专业要素测量	任务单信息层	面	任务单信息属性面
	规划许可信息层	点	规划许可信息属性点
	建筑工程项目信息层	点	建筑工程项目属性点
	控制线层	线	实测基地范围线;规划道路红线;建筑控制线;绿化控制线;规划河道蓝线;规划铁路线;防汛抢险通道线;微波通道控制线;高压控制线;原水控制线;轨道交通控制线;自定义控制线;土地界址线;规划道路中心线
	建筑工程要素信息层	点	室内地坪高程测点;指北针
		线	出图范围线;辅助出图范围线;实测地下室灰线;实测房屋灰线;建筑物辅助实线;建筑物辅助虚线;自定义建筑线;实测围墙;拟建围墙外墙线;拟建围墙内墙线;拟建围墙中心线;实测围墙灰线;实测栅栏;实测铁丝网
		面	保温层范围面;装饰层范围面;绿化面积图拓扑面
	放样信息层	点	放样点
	四至尺寸信息层	线	四至尺寸标注;一般标注
	控制点层	点	外业测量点
	建筑范围线信息层	线	拟建地下线室外墙线;实测地下室外墙线;地下室范围线;拟建房屋外墙线;实测房屋外墙线;建筑物范围线

续表C

层组	层名	几何类型	要素内容
规划资源验收专业要素测量	构筑物范围线信息层	线	构筑物范围线
	经营性要素信息层	点	经营性要素属性点
	面积块信息层	点	面积块属性点
	平面图图廓信息层	面	平面图图廓
	基地面积信息层	面	基地面积图图廓
	占地面积信息层	线	占地面积图廓
	地下占地面积信息层	线	地下占地面积图廓
	建筑分层信息层	面	建筑物分层图图廓
	立面图信息层	线	建设工程立面图廓
	围墙长度信息层	面	围墙长度图廓
	道路用地信息层	面	道路用地面积图廓
	构筑物尺寸面积图信息层	面	构筑物尺寸面积图廓
	构筑物立面图信息层	线	构筑物立面图图廓
	室内地坪标高层	点	地坪标高
房产专业要素测量	房产分层信息层	面	房屋分层图廓
	外围墙层	线	外墙轮廓线(实)
	分户中墙线层	线	分户中墙线(实)
	房产辅助线层	线	阳台线(实线、虚线);房产比例尺符号
	房产通用注记层	注记	室号;户型;楼层;门牌;部位名称
	房产尺寸注记层	注记	尺寸注记
绿地专业要素测量	建筑工程要素信息层	面	绿化面积图拓扑面
	面积块信息层	点	面积块属性点
	绿地用地信息层	面	绿地用地面积图廓
民防专业要素测量	防护单元信息层	面	防护单元范围面
	民防通用线要素层	线	防护单元划分线;民防辅助虚线;民防辅助实线

续表C

层组	层名	几何类型	要素内容
民防专业要素测量	民防通用点要素层	点	民防区域属性点;非民防区域属性点;主要出入口;次要出入口;民防工程地面出入口
	防护单元划分信息层	面	防护单元划分及剖面图;防护单元总图
	民防通用面要素层	面	防护房间拓扑面;非民防区域拓扑面;防护单元分色拓扑面;防护单元分色图例
	防护单元建筑面积分色信息层	面	民防建筑面积构成明细分色图
	防护单元建筑面积信息层	面	民防单元建筑面积图廓
	结构面积及房间编号信息层	面	结构面积及房间编号图
	防护单元口部外通道面积信息层	面	口部外部通道及竖井示意图
	防护单元口部面积信息层	面	口部面积图
	防护单元辅助面积信息层	面	辅助面积图
	防护单元使用面积信息层	面	使用面积图
	防护单元掩蔽面积信息层	面	掩蔽面积图
	地面区域示意图及剖面图元信息层	面	民防工程区域范围及战时出入口地面位置示意图
	分层交通及相邻设施图信息图层	面	交通标牌;交通标线
	民防工程出入口标注层	注记	民防工程出入口标注
机动车停车场(库)专业要素测量	建筑工程要素信息层	面	停车场;道路面;停车场拓扑面
	地面停车泊位信息层	面	地面停车泊位图廓

续表C

层组	层名	几何类型	要素内容
机动车停车场(库)专业要素测量	停车泊位通用信息层	点	地面箭头;消火栓;变坡点符号;坡道坡度方向箭头
		线	车辆通行通道中心线;地面停车位范围线;地面出入口;车库出入口;停车泊位辅助实线;停车泊位辅助虚线;出入口坡道中心线;坡道剖面线
		注记	泊位线净距标注;车辆行驶通道宽度标注;车辆转弯半径标注;坡道宽度标注;坡道直线纵坡坡度标注;坡道曲线纵坡坡度标注;停车库净空高度标注
	泊车位平面图信息层	面	停车场(库)平面图
	泊车位成果图信息层	面	泊车位成果图图廓
	坡道纵坡成果图信息层	面	坡道纵坡成果图图廓
	平面自走式泊位统计信息层	线	泊位统计线
	停车库柱间距层	线	停车库柱间距标注
	基本信息图层	点	选取停车场(库)中心位置,包括编号、类型、楼层数量等基本属性
	出入口图层	点	停车场(库)出入口中心点
	背景图层	面	停车场(库)某一楼层的外轮廓,包括名称、所在楼层等属性
	停车区域图层	面	停车场(库)停车区域图
	车道图层	面	停车场(库)车道图层
	道路标线图层	面	停车场(库)道路标线边缘轮廓面

续表C

层组	层名	几何类型	要素内容
机动车停车场(库)专业要素测量	停车位图层	面	停车场(库)的泊位图层,停车位矢量化点顺序 1—2—3—4 为顺时针方向,其中 1 和 4 为泊位开口方向,且 1 为开口线的右侧点
	道路交通标志图层	点	停车场(库)道路标志中心点图层
	墙体图层	面	公共停车场(库)某一层的外围墙体、内部墙体和立柱等障碍物
	附属安全设施图层	面	停车场(库)附属安全设施轮廓面图层
	收费系统道闸图层	点	停车场(库)收费系统道闸中心点图层
	停车信息采集发布设备图层	点	停车场(库)停车信息采集发布设备中心点图层
	泊位智能管控设备图层	点	停车场(库)泊位智能管控设备中心点图层
	定位基站图层	点	停车场(库)定位基站中心点图层
	路侧单元图层	点	停车场(库)路侧单元中心点图层
	全息感知系统图层	点	停车场(库)全息感知系统中心点图层
	兴趣点图层	点	停车场(库)兴趣点中心点图层
	泊位中心点图层	点	停车场(库)泊位中心点图层
	明显点图层	点	停车库停车位顶点,柱、墙的拐角顶点,地面方向箭头顶点处的明显点

续表C

层组	层名	几何类型	要素内容
消防专业要素测量	消防间距信息层	线	消防车道标注;防火间距标注
	消防室外要素层	点	消防救援口
		线	消防车通道;消防辅助实线;消防辅助虚线;消防车道边线
	消防登高面层	面	消防登高场地
	消防总平面布置信息层	面	消防总平面布置图图廓
	消防防火间距信息层	面	消防防火间距图廓
	消防建筑物高度单体信息层	面	消防建筑物单体图图廓
	消防通用层	点	坡度标注;室外坪地标注

附录 D　数据库表

D.1　竣工规划资源验收测量

D.1.1　任务单信息图层

1　图形要素

要素名称	图例符号	符号类别	RGB 色值	说明
任务单信息属性面		5	255,255,255	

2　属性要素

字段名称	类型	长度	小数位	取值	说明
编号	Number				
图形	Geometry				
项目阶段	Text	255		1:建设工程开工放样预测(预测);2:建设工程开工放样复验(灰线);3:建设工程±0 检测(正负零);4:建设工程结构到顶检测(到顶);5:建设工程竣工规划验收测量(竣工)	
项目编号	Text	255			
项目名称	Text	255			
委托单位	Text	255			
图幅号	Text	255			
作业部门	Text	255			

续表

字段名称	类型	长度	小数位	取值	说明
用地面积	Double		2		
土地界址线报告提供单位	Text	255			
土地界址线报告提供编号	Text	255			
规划审批总平面图编号	Text	255			
土地出让(划拨)面积土地使用面积	Double		2		
土地出让(划拨)合同编号建设用地批准书	Text	255			
批准建筑密度	Double		2		
批准建筑容积率	Double		2		
批准绿地率	Double		2		
批准集中绿地率	Double		2		
测绘单位	Text	100			
测绘资质证书编号	Text	100			
质监档案编号	Text	100			
质量信誉考核等级	Text	100			
测绘报告编号	Text	100			
测绘项目负责人	Text	20			
测绘单位负责人	Text	20			
停车场(库)地址	Text	50			
战时用途	Text	50		一等人员掩蔽所,二等人员掩蔽所,物资库,医疗救护,街道指挥所,防空专业队,汽车库	民防战时用途
委托单位地址	Text	255			

续表

字段名称	类型	长度	小数位	取值	说明
经办人	Text	255			
电话	Text	255			
委托日期	Text	255			
邮编	Text	255			
土地用途	Text	255			
测量时间	Text	255			
作业范围	Text	255			
土地证号	Text	255			
多测合一房屋坐落	Text	255			
备注 2	Text				

注:表中编号和图形字段是每个表都必须包含的内容,为增加文档的可读性,以下表格对这部分内容作简化处理。

D.1.2 规划许可信息图层

1 图形要素

要素名称	图例符号	符号类别	RGB 色值	说明
规划许可信息属性点	●	0	255,255,255	

2 属性要素

字段名称	类型	长度	小数位	取值	说明
编号	Number				
图形	Geometry				
规划许可证编号	Text	100			
建设单位	Text	50			
建设项目名称	Text	100			
建设位置	Text	255			

续表

字段名称	类型	长度	小数位	取值	说明
批准围墙长度	Double		2		
批准围墙高度	Double		2		
建设工程消防设计备案凭证号	Text	50			消防测量业务设计备案凭证号

D.1.3 建筑工程项目信息图层

1 图形要素

要素名称	图例符号	符号类别	RGB 色值	说明
建筑工程项目属性点	●	0	255,255,255	

2 属性要素

字段名称	类型	长度	小数位	取值	说明
编号	Number				
图形	Geometry				
申请幢号	Text	50			
建筑物名称	Text	100			
使用性质	Text	50			
结构	Text	10			
批准地上层数	Number		0		
批准地下层数	Number		0		
批准建筑高度	Double		2		
批准正负零高度	Double		2		
栋数	Number		0		

续表

字段名称	类型	长度	小数位	取值	说明
批准建筑物面积	Double		2		
批准建筑物地下面积	Double		2		
批准建筑物地上面积	Double		2		
批准建筑物地下高度	Double		2		
计容积率面积	Double		2		
规划许可证编号	Text	255			
地物类型	Text	50		建筑物,构筑物	
批准埋深	Double		2		
批准基地尺寸	Text	50			
批准基底面积	Double		2		
批准保温层面积	Double		2		
批准装饰面面积	Double		2		

D.1.4 控制线图层

1 图形要素

要素名称	图例符号	符号类别	RGB 色值	说明
实测基地范围线		1	0,255,255	
规划道路红线		1	255,0,0	
建筑控制线		2	255,120,112	
绿化控制线		1	0,255,0	
规划河道蓝线		1	0,0,255	
规划铁路线		1	144,72,79	
防汛抢险通道线		1	191,0,255	

续表

要素名称	图例符号	符号类别	RGB色值	说明
微波通道控制线		1	1255,0,255	
高压控制线		1	255,0,255	
原水控制线		1	255,255,255	
轨道交通控制线		1	255,0,255	
自定义控制线1		1	191,0,255	
自定义控制线2		1	191,0,255	
土地界址线		1	0,255,255	
规划道路中心线		1	255,255,5	

2 属性要素

字段名称	类型	长度	小数位	取值	说明
编号	Number				
图形	Geometry				
备注	Text	255			

D.1.5 建筑工程要素信息图层

1 图形要素

要素名称	图例符号	符号类别	RGB色值	说明
出图范围线		1	255,255,255	
辅助出图范围线		1	255,255,255	
实测地下室灰线		1	144,72,95	
实测房屋灰线		1	207,103,0	
室内地坪高程测点	⊠	0	255,255,255	

续表

要素名称	图例符号	符号类别	RGB色值	说明
建筑物辅助实线		1	255,255,255	
建筑物辅助虚线		2	255,255,255	
自定义建筑线		1	191,0,255	
指北针		0	255,255,255	
实测围墙		2	0,255,0	
拟建围墙外墙线		1	0,255,0	
拟建围墙内墙线		1	0,255,0	
拟建围墙中心线		1	0,255,0	
实测围墙灰线		1	0,255,0	
保温层范围面		5	0	
装饰层范围面		5	0	
绿化面积图拓扑面		5	0,255,0	
实测栅栏		2	0,255,0	
实测铁丝网		2	0,255,0	

2　属性要素

字段名称	类型	长度	小数位	取值	说明
编号	Number				
图形	Geometry				
属主	Text	100			
类型	Number		0		

续表

字段名称	类型	长度	小数位	取值	说明
层数	Text	255			
备注	Text	255			

D.1.6 放样信息图层

1 图形要素

要素名称	图例符号	符号类别	RGB 色值	说明
放样点	●	0	255,255,255	

2 属性要素

字段名称	类型	长度	小数位	取值	说明
编号	Number				
图形	Geometry				
点名称	Text	50			
来源	Text	50			
设计 X 坐标	Text	50			
设计 Y 坐标	Text	50			
设计 Z 坐标	Text	50			
采点顺序号	Number		0		

D.1.7 四至尺寸信息图层

1 图形要素

要素名称	图例符号	符号类别	RGB 色值	说明
四至尺寸标注	① 15.78 (15.77)	3	255,255,255	

续表

要素名称	图例符号	符号类别	RGB 色值	说明
一般标注	←8.86→	3	255,255,255	

2 属性要素

字段名称	类型	长度	小数位	取值	说明
编号	Number				
图形	Geometry				
起始位置	Text	100			
终点位置	Text	100			
批准尺寸	Double		2		
实测尺寸	Double		2		
分类号	Text	20		400000:字高 1.5; 400001:字高 2.0; 400002:字高 2.5; 400003:字高 3.0; 400004:字高 3.5; 400005:字高 4.0; 400011:字高 4.5; 400012:字高 5.0; 400013:字高 5.5; 400014:字高 6.0	
序号	Number		0		
防火间距	Text	255			
备注	Text	255			

D.1.8 控制点图层

1 图形要素

要素名称	图例符号	符号类别	RGB色值	说明
外业测量点	●	0	255,255,255	

2 属性要素

字段名称	类型	长度	小数位	取值	说明
编号	Number				
图形	Geometry				
点名	Text	50			
高程	Double		2		
等级	Text	20		一等、二等、三等、四等	

D.1.9 建筑范围线信息图层

1 图形要素

要素名称	图例符号	符号类别	RGB色值	说明
拟建地下线室外墙线	(虚线框)	5	144,88,64	
实测地下室外墙线	(实线框)	5	80,88,80	
地下室范围线	(虚线框)	5	80,88,80	
拟建房屋外墙线	(虚线框)	5	191,127,255	
实测房屋外墙线	(实线框)	5	191,127,255	

续表

要素名称	图例符号	符号类别	RGB色值	说明
建筑物范围线		5	255,255,255	

2 属性要素

字段名称	类型	长度	小数位	取值	说明
编号	Number				
图形	Geometry				
建筑物名称	Text	100			
标注结构	Text	20		1:砼;2:坚;3:砖;4:建;5:混;6:破;7:只标注名称;8:不标注(全部);9:变电室;10:垃圾台	
标注层数	Number		0		
地下层数	Number		0		
地上层数	Number		0		
分层信息	Text	255			
室外地坪至申报位置	Double		2		
±0至申报位置	Double		2		
±0至室外地坪	Double		2		
±0标高	Double		2		
建筑物用途	Number		0	-1:暂缺;0:其他;1:住宅;2:办公;3:商住;4:车库;5:电梯房;6:架空房;7:医	

续表

字段名称	类型	长度	小数位	取值	说明
建筑物用途	Number		0	院;8:学校(幼儿园、托儿所等);9:工厂;10:公司;11:政府;12:歌舞厅(娱乐场所);13:商场、超市、农贸市场;14:酒店;15:管理所;16:加油站;17:图书馆、档案馆、文化馆;18:仓储物流;19:福利院;20:养老护理院;21:社区菜场;22:批发市场(水果、蔬菜);23:体育活动场所;24:垃圾处理设施	
名称	Text	100			
属主	Text	100			
地名	Text	100			
保护建筑	Number		0		
备注	Text	255			

D.1.10 构筑物范围线信息图层

1 图形要素

要素名称	图例符号	符号类别	RGB 色值	说明
构筑物范围线		5	255,255,255	

2　属性要素

字段名称	类型	长度	小数位	取值	说明
编号	Number				
图形	Geometry				
构筑物名称	Text	100			
标注结构	Text	20			
标注层数	Number		0		
地下层数	Number		0		
地上层数	Number		0		
立面图尺寸信息	Text	255			
高度	Double		2		
埋深	Double		2		
消防高度	Text	255			消防高度可能有多个，用“、”隔开
±0 至申报位置	Double		2		
±0 至室外地坪	Double		2		
±0 标高	Double		2		
备注	Text	255			

D.1.11　经营性要素信息图层

1　图形要素

要素名称	图例符号	符号类别	RGB 色值	说明
经营性要素属性点	**经营性要素点**	0	255,255,255	

2　属性要素

字段名称	类型	长度	小数位	取值	说明
编号	Number				
图形	Geometry				

续表

字段名称	类型	长度	小数位	取值	说明
住宅配套停车库面积	Double		3		
住宅配套停车库面积占比	Double		1		
单建/结建停车库面积	Double		3		
单建/结建停车库面积占比	Double		1		
办公面积	Double		3		
办公面积占比	Double		1		
商业面积	Double		3		
商业面积占比	Double		1		
地下市政公用设施面积	Double		3		
地下市政公用设施面积占比	Double		1		
地下公共通道面积	Double		3		
地下公共通道面积占比	Double		1		
项目配套设施(含住宅套内地下室)面积占比	Double		1		
项目配套设施(含住宅套内地下室)面积	Double		3		
工业/仓储/研发/教育/文化/医疗等面积占比	Double		1		
工业/仓储/研发/教育/文化/医疗等面积	Double		3		

续表

字段名称	类型	长度	小数位	取值	说明
其他面积占比	Double		1		
其他面积	Double		3		
面积合计	Double		3		
备注	Text	255			

D.1.12 面积块信息图层

1 图形要素

要素名称	图例符号	符号类别	RGB色值	说明
面积块属性点		0	255,255,255	

2 属性要素

字段名称	类型	长度	小数位	取值	说明
编号	Number				
图形	Geometry				
面积块名称	Text	30		主体、阳台、阳台全、雨篷、门廊、走廊、连廊、室外楼梯、架空层、飘窗、装饰性阳台、空调室外机隔板、花池、层高1.2 m～2.2 m、净高1.2 m～2.1 m、一般绿地、自然景观水体、人工景观水体、集中绿地、屋顶绿化0～1.5 m、屋顶绿化1.5 m～12 m、屋顶绿化12 m～24 m、屋顶绿化24 m～50 m、屋顶绿化超过50 m，不计入总面积	绿地面积块子类名称

续表

字段名称	类型	长度	小数位	取值	说明
功能用途	Text	30		住宅、商业、办公、其他、一般绿地、自然景观水体、人工景观水体、集中绿地、屋顶绿化，不计入总面积	绿地面积块大类名称
代号	Number		0		绿地面积块类型编号
面积系数	Double		2		面积块折算系数，已经根据标准定制好
测绘面积	Double		3		一个面积块折算后的面积

D.1.13 平面图图廓信息图层

1 图形要素

要素名称	图例符号	符号类别	RGB色值	说明
平面图图廓		5	255,255,255	

2 属性要素

字段名称	类型	长度	小数位	取值	说明
编号	Number				
图形	Geometry				
打印纸张	Text	20			
打印比例	Text	20			
打印顺序	Text	20			

续表

字段名称	类型	长度	小数位	取值	说明
OffsetX	Double	2			对比实际坐标X偏移量
OffsetY	Double	2			对比实际坐标Y偏移量
绘制者	Text	50			
检查者	Text	50			
复查者	Text	50			

D.1.14 基地面积信息图层

1 图形要素

要素名称	图例符号	符号类别	RGB色值	说明
基地面积图图廓	▭	5	255,255,255	

2 属性要素

字段名称	类型	长度	小数位	取值	说明
编号	Number				
图形	Geometry				
基地内平均地面高程	Double		2		
批准基地面积	Double		2		
基地面积	Double		2		
打印纸张	Text	20			
打印比例	Text	20			
打印顺序	Text	20			
OffsetX	Text	2			

续表

字段名称	类型	长度	小数位	取值	说明
OffsetY	Text	2			
绘制者	Text	50			
检查者	Text	50			
复查者	Text	50			

D.1.15 占地面积信息图层

1 图形要素

要素名称	图例符号	符号类别	RGB 色值	说明
占地面积图廓		5	255,255,255	

2 属性要素

字段名称	类型	长度	小数位	取值	说明
编号	Number				
图形	Geometry				
建筑物名称	Text	100			
实测占地面积	Double		1		
打印纸张	Text	20			
打印比例	Text	20			
打印顺序	Text	20			
OffsetX	Text	2			
OffsetY	Text	2			
绘制者	Text	50			
检查者	Text	50			
复查者	Text	50			

D.1.16 地下占地面积信息图层

1 图形要素

要素名称	图例符号	符号类别	RGB 色值	说明
地下占地面积图廓	▭	5	255,255,255	

2 属性要素

字段名称	类型	长度	小数位	取值	说明
编号	Number				
图形	Geometry				
建筑物名称	Text	100			
实测地下占地面积	Double		1		
打印纸张	Text	20			
打印比例	Text	20			
打印顺序	Text	20			
OffsetX	Text	2			
OffsetY	Text	2			
绘制者	Text	50			
检查者	Text	50			
复查者	Text	50			

D.1.17 建筑分层信息图层

1 图形要素

要素名称	图例符号	符号类别	RGB 色值	说明
建筑物分层图图廓	▭	5	255,255,255	

2 属性要素

字段名称	类型	长度	小数位	取值	说明
编号	Number				
图形	Geometry				
建筑物名称	Text	100			
层次	Text	255			
层数	Number		0		
地上地下层标记	Text		10	地上,地下	
实测层高	Double		2		
批准层高	Double		2		
实测绝对标高	Text	500			标准层的标高用英文分号隔开
建筑计容面积	Double		1		
建筑不计容面积	Double		1		
不计入容积率原因	Text	255			
经营性类型及面积	Text	255			
非经营性类型及面积	Text	255			
类型及面积	Text	255			
特殊类型及面积	Text	255			
打印纸张	Text	20			
打印比例	Text	20			
打印顺序	Text	20			
OffsetX	Text	2			
OffsetY	Text	2			

续表

字段名称	类型	长度	小数位	取值	说明
绘制者	Text	50			
检查者	Text	50			
复查者	Text	50			

D.1.18 立面图信息图层

1 图形要素

要素名称	图例符号	符号类别	RGB色值	说明
建设工程立面图廓		5	255,255,255	

2 属性要素

字段名称	类型	长度	小数位	取值	说明
编号	Number				
图形	Geometry				
建筑物名称	Text	100			
相对高度	Text		2		
注记内容	Text	100			
备注	Text	100			
打印比例	Text	20			
打印纸张	Text	20			
OffsetX	Double		2		
OffsetY	Double		2		
绘制者	Text	50			
检查者	Text	50			
复查者	Text	50			
注记比例	Text	50			

D.1.19 围墙长度信息图层

1 图形要素

要素名称	图例符号	符号类别	RGB色值	说明
围墙长度图廓	▭	5	255,255,255	

2 属性要素

字段名称	类型	长度	小数位	取值	说明
编号	Number				
图形	Geometry				
实测围墙长度	Double		2		
实测围墙高度	Double		2		
打印纸张	Text	20			
打印比例	Text	20			
打印顺序	Text	20			
OffsetX	Double		2		
OffsetY	Double		2		
绘制者	Text	50			
检查者	Text	50			
复查者	Text	50			

D.1.20 道路用地信息图层

1 图形要素

要素名称	图例符号	符号类别	RGB色值	说明
道路用地面积图廓	▭	5	255,255,255	

2　属性要素

字段名称	类型	长度	小数位	取值	说明
编号	Number				
图形	Geometry				
道路用地面积	Double		2		
打印纸张	Text	20			
打印比例	Text	20			
打印顺序	Text	20			
OffsetX	Double		2		
OffsetY	Double		2		
绘制者	Text	50			
检查者	Text	50			
复查者	Text	50			

D.1.21　构筑物尺寸面积图信息图层

1　图形要素

要素名称	图例符号	符号类别	RGB色值	说明
构筑物尺寸面积图廓		5	255,255,255	

2　属性要素

字段名称	类型	长度	小数位	取值	说明
编号	Number				
图形	Geometry				
构筑物名称	Text	100			

续表

字段名称	类型	长度	小数位	取值	说明
成果图标记	Text	10		基底面积图，基地尺寸图，占地面积图	
基地尺寸	Text	50			
基底面积	Double		2		
占地面积	Double		2		
备注	Text	100			
打印比例	Text	20			
打印纸张	Text	20			
OffsetX	Double		2		
OffsetY	Double		2		
绘制者	Text	50			
检查者	Text	50			
复查者	Text	50			
打印顺序	Text	50			

D.1.22 构筑物立面图信息图层

1 图形要素

要素名称	图例符号	符号类别	RGB色值	说明
构筑物立面图图廓	————	1	255,255,255	

2 属性要素

字段名称	类型	长度	小数位	取值	说明
编号	Number				
图形	Geometry				

续表

字段名称	类型	长度	小数位	取值	说明
构筑物名称	Text	100			
相对高度	Text	50			
注记内容	Text	100			
备注	Text	100			
打印比例	Text	20			
打印纸张	Text	20			
绘制者	Text	50			
检查者	Text	50			
复查者	Text	50			
注记比例	Text	50			
OffsetX	Double		2		
OffsetY	Double		2		

D.1.23 室内地坪标高

1 图形要素

要素名称	图例符号	符号类别	RGB 色值	说明
地坪标高		0	255,255,255	
室内地坪标高	室外地坪	0	255,255,255	

2 属性要素

字段名称	类型	长度	小数位	取值	说明
编号	Number				

续表

字段名称	类型	长度	小数位	取值	说明
图形	Geometry				
数值	Double		2		
方向	Text	10		1:正向;2:反向	
位置	Text	50			

D.1.24 公共汽电车首末(场)站用地层

1 图形要素

要素名称	图例符号	符号类别	RGB色值	说明
道路		5	255,255,255	
候车廊		5	255,255,255	
管理用房		5	255,255,255	
绿化用地		5	255,255,255	
厕所		5	255,255,255	
其他配套设施		5	255,255,255	

2 属性要素

字段名称	类型	长度	小数位	取值	说明
编号	Number				
图形	Geometry				
用地面积	Number		2		
建筑面积	Number		2		
备注	Text	255			

D.1.25　公共汽电车首末(场)站泊位层

1　图形要素

要素名称	图例符号	符号类别	RGB 色值	说明
发车泊位	▭	5	255,255,255	
蓄车泊位	▭	5	255,255,255	

2　属性要素

字段名称	类型	长度	小数位	取值	说明
编号	Number				
图形	Geometry				
停车类型	Text	10		垂直式;斜停式	
长	Number		2		
宽	Number		2		
净高	Number		2		
角度	Number		2		
数量	Number		0		
备注	Text	255			

D.1.26　公共汽电车首末(场)站通用要素层

1　图形要素

要素名称	图例符号	符号类别	RGB 色值	说明
出入口	▭	5	255,255,255	
候车站台	▭	5	255,255,255	
发车区	▭	5	255,255,255	

续表

要素名称	图例符号	符号类别	RGB色值	说明
下客区		5	255,255,255	
行车道		5	255,255,255	
超车道		5	255,255,255	
地上二层及以上停车区		5	255,255,255	

2 属性要素

字段名称	类型	长度	小数位	取值	说明
编号	Number				
图形	Geometry				
长度	Number		2		
宽度	Number		2		
净高	Number		2		
坡度	Number		2		
数量	Number		0		
进出方向	Text	50			
转弯半径	Number		2		
候车廊类型	Text	10		单独;整体	
备注	Text	255			

D.1.27 公共汽电车首末(场)站平面布置信息层

1 图形要素

要素名称	图例符号	符号类别	RGB色值	说明
公共汽电车首末(场)站平面布置图图廓		5	255,255,255	

2　属性要素

字段名称	类型	长度	小数位	取值	说明
编号	Number				
图形	Geometry				
委托单位	Text	255			
项目名称	Text	255			
打印纸张	Text	20			
打印比例	Text	20			
打印顺序	Number		0		

D.1.28　公共汽电车首末(场)站候车站台信息层

1　图形要素

要素名称	图例符号	符号类别	RGB 色值	说明
公共汽电车首末(场)站候车站台平面图图廓		5	255,255,255	
公共汽电车首末(场)站候车站台立面图图廓		5	255,255,255	

2　属性要素

字段名称	类型	长度	小数位	取值	说明
编号	Number				
图形	Geometry				
委托单位	Text	255			
项目名称	Text	255			
打印纸张	Text	20			
打印比例	Text	20			
打印顺序	Number		0		

D.1.29 公共汽电车首末(场)站出入口信息层

1 图形要素

要素名称	图例符号	符号类别	RGB 色值	说明
公共汽电车首末(场)站出入口平面图图廓		5	255,255,255	
公共汽电车首末(场)站出入口剖面图图廓		5	255,255,255	

2 属性要素

字段名称	类型	长度	小数位	取值	说明
编号	Number				
图形	Geometry				
委托单位	Text	255			
项目名称	Text	255			
打印纸张	Text	20			
打印比例	Text	20			
打印顺序	Number		0		

D.1.30 公共汽电车首末(场)站管理用房信息层

1 图形要素

要素名称	图例符号	符号类别	RGB 色值	说明
公共汽电车首末(场)站管理用房立面图图廓		5	255,255,255	
公共汽电车首末(场)站管理用房建筑尺寸、面积图图廓		5	255,255,255	

2　属性要素

字段名称	类型	长度	小数位	取值	说明
编号	Number				
图形	Geometry				
委托单位	Text	255			
项目名称	Text	255			
打印纸张	Text	20			
打印比例	Text	20			
打印顺序	Number		0		

D.2　房产平面测量

D.2.1　房产分层信息图层

1　图形要素

要素名称	图例符号	符号类别	RGB色值	说明
房屋分层图廓		5	255,255,255	

2　属性要素

字段名称	类型	长度	小数位	取值	说明
编号	Number				
图形	Geometry				
委托单位	Text	255			
作业单位	Text	255			
项目名称	Text	255			
房屋坐落	Text	255			
建筑物名称	Text	100			

续表

字段名称	类型	长度	小数位	取值	说明
层次	Text	100			
地上层数	Number		0		
地下层数	Number		0		
幢号	Text	50			
门牌号	Text	255			
制图人	Text	20			
检查人	Text	20			
备注	Text	255			
打印纸张	Text	20			
打印比例	Text	20			
打印顺序	Number		0		
OffsetX	Double		2		
OffsetY	Double		2		

D.2.2 外围墙图层

1 图形要素

要素名称	图例符号	符号类别	RGB 色值	说明
外墙轮廓线(实)	————	1	255,255,255	

2 属性要素

字段名称	类型	长度	小数位	取值	说明
编号	Number				
图形	Geometry				
建筑物名称	Text	100			
备注	Text	255			

D.2.3 分户中墙线图层

1 图形要素

要素名称	图例符号	符号类别	RGB 色值	说明
分户中墙线(实)	————	1	255,255,255	

2 属性要素

字段名称	类型	长度	小数位	取值	说明
编号	Number				
图形	Geometry				
位置	Text	100			
备注	Text	255			

D.2.4 房产辅助线图层

1 图形要素

要素名称	图例符号	符号类别	RGB 色值	说明
阳台线(实线、虚线)	— —— —	2	255,255,255	

2 属性要素

字段名称	类型	长度	小数位	取值	说明
编号	Number				
图形	Geometry				
位置	Text	100			
备注	Text	255			

D.2.5 房屋平面图图层

1 图形要素

要素名称	图例符号	符号类别	RGB 色值	说明
房屋平面图图廓	□	5	0,0,0	

2 属性要素

字段名称	类型	长度	小数位	取值	说明
编号	Number				
图形	Geometry				
建筑物名称	Text	255			
幢号	Text	255			
作业单位	Text	255			
房屋坐落	Text	255			
地上层数	Number		0		
地下层数	Number		0		
测绘负责人	Text	255			
测算合一_户_房产平面图编号	Number		0		
测算合一_户_楼层	Number		0		
测算合一_户_名义层	Text	20			
测算合一_户_户编号	Number		0		
测算合一_户_户号	Number		0		

续表

字段名称	类型	长度	小数位	取值	说明
测算合一_户_室号	Text	40			
测算合一_户_现房建筑面积	Number		2		
测算合一_户_现房套内建筑面积	Number		2		
测算合一_户_现房分摊建筑面积	Number		2		
测算合一_户_现房地下部分面积	Number		2		
测算合一_户_现房其他建筑面积	Number		2		
测算合一_户_建筑类型	Number		0	−10:联列住宅;−8:公寓;−6:农民住宅(1);−4:农民住宅(2);−2:会所;3:花园住宅;4:新式里弄;7:新工房 3;8:旧式里弄 1;9:旧式里弄 2;10:简屋;11:旅馆;12:办公楼;13:工厂;14:站场码头;15:仓库堆栈;16:商场;17:店铺;18:学校;19:文化馆;20:体育馆;21:影剧院;22:福利院;23:医院;24:农业建筑;25:公共设施用房;26:寺庙教堂;27:宗祠山庄;28:其他;40:职工(集体)宿舍;41:科研设计用房	

续表

字段名称	类型	长度	小数位	取值	说明
测算合一_户_房屋类型	Number		0	5:系统公房;6:直管公房;7:经济适用住房;8:公共租赁住房;9:单位租赁住房;10:廉租住房;11:动迁安置房;12:限价商品住房;13:农村租赁住房;14:大居商业配套;15:共有产权保障住房	
测算合一_户_房屋来源	Number		0	1:新建;2:买卖;3:房改售房;4:交换;5:赠予;6:继承;7:判决;8:分立合并;9:其他;10:投资入股;11:拍卖;12:遗赠;13:抵债	
测算合一_户_房屋分类	Number		0	−1:暂缺;1:商品住宅;17:商品非住宅;19:其他非住宅;21:农村非住宅;23:农民住宅	
测算合一_户_房屋用途	Number		0	21:居住;31:旅(宾)馆;33:办公;35:厂房;37:交通运输;39:仓储;41:商业;43:店铺;45:教育;47:文化展览;49:体育;51:影剧娱乐;53:社会福利;55:医疗;57:农业服务;59:公用服务;61:特种用途;63:会所;64:职工(集体)宿舍;65:科研设计	
测算合一_户_户型	Number		0	1:一室;2:一室半;3:一室一厅;4:二室;5:二室半;6:二室一厅;7:二室二厅;8:三室;9:三室一厅;10:三室二厅;11:四室;12:四室一厅;13:四室二厅;14:五室二厅;15:五室三厅;16:开间;18:复式;19:一室两厅;20:一室三厅;21:二室三厅;22:三室三厅;23:四室三厅;24:独立别墅;25:联体别墅;26:其他;31:不成套	

续表

字段名称	类型	长度	小数位	取值	说明
测算合一_户_土地实际用途	Text	4		311P:311P;311K:311K;311W:311W;317K:317K;317P:317P;317W:317W;111:灌溉水田;112:望天田;113:水浇地;114:旱地;115:菜地;121:果园;122:桑园;123:茶园;124:橡胶园;125:其他园地;131:有林地;132:灌木林地;133:疏林地;134:未成林造林地;135:迹地;136:苗圃;141:天然草地;142:改良草地;143:人工草地;151:畜禽饲养地;152:设施农业用地;153:农村道路;154:坑塘水域;155:养殖水面;156:农田水利用地;157:田坎;158:晒谷场等用地;211:商业用地;212:金融保险用地;213:餐饮旅馆业用地;214:其他商服用地;221:工业用地;222:采矿地;223:仓储用地;231:公共基础设施用地;232:瞻仰景观休闲用地;241:机关团体用地;242:教育用地;243:科研设计用地;244:文体用地;245:医疗卫生用地;246:慈善用地;251:城镇单一住宅用地;252:城镇混合住宅用地;253:农村宅基地;254:空闲宅基地;261:铁路用地;262:公路用地;263:民用机场;264:港口码头用地;265:管道运输用地;266:街巷;271:水库水面;272:水工建筑用地;281:军事设施用地;282:使领馆用地;283:宗教用地;284:监教场所用地;285:墓葬地;311:荒草地;312:盐碱地;313:沼泽地;314:沙地;315:裸土地;316:裸岩石砾地;317:其他未利用土地;321:河流水面;322:湖泊水面;323:苇地;324:滩涂;325:冰川永久积雪;121K:可调整果园;122K:可	

续表

字段名称	类型	长度	小数位	取值	说明
测算合一_户_土地实际用途	Text	4		调整桑园;123K:可调整茶园;124K:可调整橡胶园;125K:可调整其他园地;131K:可调整有林地;134K:可调整未成林造林地;136K:可调整苗圃;143K:可调整人工草地;155K:可调整养殖水面	
测算合一_户_土地面积	Number		2		
测算合一_户_土地来源	Number		0	21:划拨;22:出让;23:作价出资或者入股;24:租赁;25:授权经营;26:荒地拍卖;27:批准拨用宅基地;28:批准拨用企业用地;29:集体土地入股;30:联营;39:其他	
测算合一_户_所有权性质	Number		0	1:全民;2:集体;3:私有;4:军产;5:其他;6:以下空白	
测算合一_户_数据来源	Number		0	1:权籍;2:调查;3:勘察;4:房调数据;5:公房数据;6:预搭在建;7:预测在建;8:新调房屋;9:农村地籍更新调查;10:测算合一	
测算合一_户_共有土地面积	Number		2		
测算合一_户_分摊土地面积	Number		2		
测算合一_户_房屋标志	Number		0		
测算合一_户_独用土地面积	Number		2		

续表

字段名称	类型	长度	小数位	取值	说明
测算合一_户_超占土地面积	Number		2		
测算合一_户_备注	Text	255			
测算合一_坐落表_坐落编号	Number		0		
测算合一_坐落表_道路名	Text	60			
测算合一_坐落表_弄	Text	40			
测算合一_坐落表_支弄	Text	40			
测算合一_坐落表_门牌号	Text	60			
测算合一_坐落表_坐落名	Text	200			
DWG 文件	OLE 对象				
PDF 文件	OLE 对象				
打印比例	Text	20			
打印纸张	Text	20			
绘制者	Text	50			

续表

字段名称	类型	长度	小数位	取值	说明
检查者	Text	50			
复查者	Text	50			
注记比例	Text	50			
OffsetX	Double		2		
OffsetY	Double		2		

D.3 绿地面积测量

D.3.1 建筑工程要素信息图层

1 图形要素

要素名称	图例符号	符号类别	RGB色值	说明
绿化面积图拓扑面	⩡	5	0,255,0	

2 属性要素

字段名称	类型	长度	小数位	取值	说明
编号	Number				
图形	Geometry				
类型	Text	10		绿地,水体	
备注	Text	255			

D.3.2 面积块信息图层

1 图形要素

要素名称	图例符号	符号类别	RGB色值	说明
面积块属性点	'	0	255,255,255	

2 属性要素

字段名称	类型	长度	小数位	取值	说明
编号	Number				
图形	Geometry				
面积块名称	Text	30		一般绿地、自然景观水体、人工景观水体、集中绿地、屋顶绿化 0～1.5 m、屋	绿地面积块子类名称

续表

字段名称	类型	长度	小数位	取值	说明
面积块名称	Text	30		顶绿化 1.5 m～12 m、屋顶绿化 12 m～24 m、屋顶绿化 24 m～50 m、屋顶绿化超过50 m,不计入总面积	绿地面积块子类名称
功能用途	Text	30		一般绿地、自然景观水体、人工景观水体、集中绿地、屋顶绿化,不计入总面积	绿地面积块大类名称
代号	Number		0		绿地面积块类型编号
面积系数	Double		2		面积块折算系数,已经根据标准定制好
测绘面积	Double		3		一个面积块折算后的面积

D.3.3 绿地用地信息图层

1 图形要素

要素名称	图例符号	符号类别	RGB色值	说明
绿地用地面积图廓	▭	5	255,255,255	

2 属性要素

字段名称	类型	长度	小数位	取值	说明
编号	Number				
图形	Geometry				

续表

字段名称	类型	长度	小数位	取值	说明
一般绿地面积	Double		1		
自然景观水体面积	Double		1		
人工景观水体面积	Double		1		
集中绿地面积	Double		1		
屋顶绿地面积	Double		1		

D.4 民防工程面积测量

D.4.1 防护单元信息图层

1 图形要素

要素名称	图例符号	符号类别	RGB色值	说明
防护单元范围面		5	255,255,255	

2 属性要素

字段名称	类型	长度	小数位	取值	说明
编号	Number				
图形	Geometry				
建筑物名称	Text	100			
防护单元名称	Text	100			
防护单元战时用途	Text	100			
层次	Text	50			
图纸名称	Text	100			
层数	Number		0		

续表

字段名称	类型	长度	小数位	取值	说明
图号	Text	20			
规划许可证编号	Text	100			
填充图案	Text	10		1,2,3,4,5	
图案显示比例	Double		2		
建筑面积设计值	Double		1		
建筑面积实测值	Double		1		
使用面积设计值	Double		1		
使用面积实测值	Double		1		
掩蔽面积设计值	Double		1		
掩蔽面积实测值	Double		1		
结构面积设计值	Double		1		
结构面积实测值	Double		1		
辅助面积设计值	Double		1		
辅助面积实测值	Double		1		
非民防区域面积设计值	Double		1		
非民防区域面积实测值	Double		1		
口部面积设计值	Double		1		
口部面积实测值	Double		1		
口部外通道面积设计值	Double		1		
口部外通道面积实测值	Double		1		
备注	Text	255			

D.4.2 民防通用线要素图层

1 图形要素

要素名称	图例符号	符号类别	RGB 色值	说明
防护单元划分线		1	255,255,255	
民防辅助虚线		1	255,255,255	
民防辅助实线		2	255,255,255	

2 属性要素

字段名称	类型	长度	小数位	取值	说明
编号	Number				
图形	Geometry				
类型名称	Text	20			
编号	Text	10			
备注	Text	255			

D.4.3 民防通用点要素图层

1 图形要素

要素名称	图例符号	符号类别	RGB 色值	说明
民防区域属性点		0	255,255,255	
非民防区域属性点	非民防区域	0	255,255,255	
主要出入口	主要出入口	0	255,0,255	
次要出入口	次要出入口	0	255,0,255	
民防工程地面出入口	民防工程地面出入口	0	255,255,255	

2 属性要素

字段名称	类型	长度	小数位	取值	说明
编号	Number				
图形	Geometry				
名称	Text	20			
类型	Text	10		结构,口外,口部,辅助,掩蔽,使用	
类型面积	Double		2		
编号	Text	10			
比例	Text	10			
层高	Text	10			
面积系数	Double		1	0,0.5,1	
备注	Text	255			

D.4.4 防护单元划分信息图层

1 图形要素

要素名称	图例符号	符号类别	RGB 色值	说明
防护单元划分及剖面图	□	5	255,255,255	
防护单元总图	□	5	255,255,255	

2 属性要素

字段名称	类型	长度	小数位	取值	说明
编号	Number				
图形	Geometry				
工程名称	Text	255			

续表

字段名称	类型	长度	小数位	取值	说明
图名	Text	100			
图号	Text	10			
建筑面积	Double		1		
规划许可证编号	Text	100			
建筑物名称	Text	100			
层次	Text				
层高	Double		2		
层数	Number		0		
防护单元划分信息	Text	100			
备注	Text	255			
打印纸张	Text	20			
打印比例	Text	20			
打印顺序	Text	20			
OffsetX	Double		2		
OffsetY	Double		2		

D.4.5 民防通用面要素图层

1 图形要素

要素名称	图例符号	符号类别	RGB 色值	说明
防护房间拓扑面	□	5	255,255,255	
非民防区域拓扑面	□	5	255,255,255	
防护单元分色拓扑面	□	5	255,255,255	

续表

要素名称	图例符号	符号类别	RGB色值	说明
防护单元分色图例	□	5	255,255,255	

2　属性要素

字段名称	类型	长度	小数位	取值	说明
编号	Number				
图形	Geometry				
名称	Text	100			
类型	Text	10		结构,口外,口部,辅助,掩蔽,非民防区域	
类型面积	Text	50			
编号	Text	10			
面积系数	Double		1	0,0.5,1	
字体比例	Double		1		
填充图案	Text	10		1,2,3,4,5	
图案显示比例	Double		2		
备注	Text	255			

D.4.6　防护单元建筑面积分色信息图层

1　图形要素

要素名称	图例符号	符号类别	RGB色值	说明
民防建筑面积构成明细分色图	□	5	255,255,255	

2　属性要素

字段名称	类型	长度	小数位	取值	说明
编号	Number				
图形	Geometry				
工程名称	Text	100			
图名	Text	100			
图号	Text	10			
面积	Double		1		
规划许可证编号	Text	100			
建筑物名称	Text	100			
层次	Text	100			
层高	Double		2		
层数	Number		0		
防护单元名称	Text	100			
备注	Text	255			
打印纸张	Text	20			
打印比例	Text	20			
打印顺序	Text	20			
OffsetX	Double		2		
OffsetY	Double		2		

D.4.7　防护单元建筑面积信息图层

1　图形要素

要素名称	图例符号	符号类别	RGB 色值	说明
民防单元建筑面积图廓	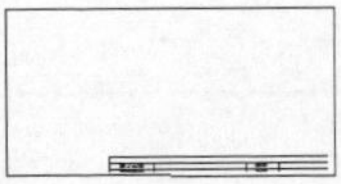	5	255,255,255	

2 属性要素

字段名称	类型	长度	小数位	取值	说明
编号	Number				
图形	Geometry				
作业单位	Text	255			
英文名称	Text	255			
项目名称	Text	255			
图纸名称	Text	100			
图号	Text	10			
规划许可证编号	Text	100			
建筑物名称	Text	100			
层次	Text	100			
层高	Double		2		
层数	Number		0		
防护单元名称	Text	100			
建筑面积	Double		1		
非民防区域面积	Double		1		
备注	Text	255			
打印纸张	Text	20			
打印比例	Text	20			
打印顺序	Text	20			
OffsetX	Double		2		
OffsetY	Double		2		

D.4.8 结构面积及房间编号信息图层

1 图形要素

要素名称	图例符号	符号类别	RGB 色值	说明
结构面积及房间编号图		5	255,255,255	

2 属性要素

字段名称	类型	长度	小数位	取值	说明
编号	Number				
图形	Geometry				
工程名称	Text	100			
图名	Text	100			
图号	Text	10			
规划许可证编号	Text	100			
建筑物名称	Text	100			
层次	Text	100			
层高	Double		2		
层数	Number		0		
防护单元名称	Text	100			
结构面积	Double		1		
备注	Text	255			
打印纸张	Text	20			
打印比例	Text	20			
打印顺序	Text	20			
OffsetX	Double		2		
OffsetY	Double		2		

D.4.9 防护单元口部外通道面积信息图层

1 图形要素

要素名称	图例符号	符号类别	RGB色值	说明
口部外部通道及竖井示意图		5	255,255,255	

2 属性要素

字段名称	类型	长度	小数位	取值	说明
编号	Number				
图形	Geometry				
工程名称	Text	100			
图名	Text	100			
图号	Text	10			
规划许可证编号	Text	100			
建筑物名称	Text	100			
层次	Text	100			
层高	Double		2		
层数	Number		0		
防护单元名称	Text	100			
口部外通道面积	Double		1		
备注	Text	255			
打印纸张	Text	20			
打印比例	Text	20			
打印顺序	Text	20			
OffsetX	Double		2		
OffsetY	Double		2		

D.4.10 防护单元口部面积信息图层

1 图形要素

要素名称	图例符号	符号类别	RGB 色值	说明
口部面积图		5	255,255,255	

2 属性要素

字段名称	类型	长度	小数位	取值	说明
编号	Number				
图形	Geometry				
工程名称	Text	100			
图名	Text	100			
图号	Text	10			
规划许可证编号	Text	100			
建筑物名称	Text	100			
层次	Text	100			
层高	Double		2		
层数	Number		0		
防护单元名称	Text	100			
口部面积	Double		1		
备注	Text	255			
打印纸张	Text	20			
打印比例	Text	20			
打印顺序	Text	20			
OffsetX	Double		2		
OffsetY	Double		2		

D.4.11 防护单元辅助面积信息图层

1 图形要素

要素名称	图例符号	符号类别	RGB 色值	说明
辅助面积图		5	255,255,255	

2 属性要素

字段名称	类型	长度	小数位	取值	说明
编号	Number				
图形	Geometry				
工程名称	Text	100			
图名	Text	100			
图号	Text	10			
规划许可证编号	Text	100			
建筑物名称	Text	100			
层次	Text	100			
层高	Double		2		
层数	Number		0		
防护单元名称	Text	100			
辅助面积	Double		1		
备注	Text	255			
打印纸张	Text	20			
打印比例	Text	20			
打印顺序	Text	20			
OffsetX	Double		2		
OffsetY	Double		2		

D.4.12 防护单元使用面积信息图层

1 图形要素

要素名称	图例符号	符号类别	RGB色值	说明
使用面积图		5	255,255,255	

2 属性要素

字段名称	类型	长度	小数位	取值	说明
编号	Number				
图形	Geometry				
工程名称	Text	100			
图名	Text	100			
图号	Text	10			
规划许可证编号	Text	100			
建筑物名称	Text	100			
层次	Text	100			
层高	Double		2		
层数	Number		0		
防护单元名称	Text	100			
使用面积	Double		1		
备注	Text	255			
打印纸张	Text	20			
打印比例	Text	20			
打印顺序	Text	20			
OffsetX	Double		2		
OffsetY	Double		2		

D.4.13 防护单元掩蔽面积信息图层

1 图形要素

要素名称	图例符号	符号类别	RGB色值	说明
掩蔽面积图		5	255,255,255	

2 属性要素

字段名称	类型	长度	小数位	取值	说明
编号	Number				
图形	Geometry				
工程名称	Text	100			
图名	Text	100			
图号	Text	10			
规划许可证编号	Text	100			
建筑物名称	Text	100			
层次	Text	100			
层高	Double		2		
层数	Number		0		
防护单元名称	Text	100			
掩蔽面积	Double		1		
备注	Text	255			
打印纸张	Text	20			
打印比例	Text	20			
打印顺序	Text	20			
OffsetX	Double		2		
OffsetY	Double		2		

D.4.14 地面区域示意图及剖面图元信息图层

1 图形要素

要素名称	图例符号	符号类别	RGB色值	说明
民防工程区域范围及战时出入口地面位置示意图		5	255,255,255	

2 属性要素

字段名称	类型	长度	小数位	取值	说明
编号	Number				
图形	Geometry				
工程名称	Text	100			
图名	Text	100			
图号	Text	10			
规划许可证编号	Text	100			
建筑物名称	Text	100			
防护单元名称	Text	100			
备注	Text	255			
打印纸张	Text	20			
打印比例	Text	20			
打印顺序	Text	20			
OffsetX	Double		2		
OffsetY	Double		2		

D.4.15 民防工程出入口标注图层

1 图形要素

要素名称	图例符号	符号类别	RGB色值	说明
民防工程出入口标注	Y=0.000 X=0.000	3	255,255,255	

2 属性要素

字段名称	类型	长度	小数位	取值	说明
编号	Number				
图形	Geometry				
OffsetX	Double		2		
OffsetY	Double		2		
备注	Text	255			

D.5 机动车停车场(库)测量

D.5.1 建筑工程要素信息图层

1 图形要素

要素名称	图例符号	符号类别	RGB色值	说明
停车场	停车场	5	255,255,255	
道路面		5	255,255,255	
停车场拓扑面		5	255,255,255	

2　属性要素

字段名称	类型	长度	小数位	取值	说明
编号	Number				
图形	Geometry				
类型	Text	10		绿地，水体	
备注	Text	255			

D.5.2　地面停车泊位信息图层

1　图形要素

要素名称	图例符号	符号类别	RGB色值	说明
地面停车泊位图廓	□	5	255,255,255	

2　属性要素

字段名称	类型	长度	小数位	取值	说明
编号	Number				
图形	Geometry				
地面停车	Text	255			
打印纸张	Text	20			
打印比例	Text	20			
打印顺序	Text	10			
绘制者	Text	10			
检查者	Text	10			
复查者	Text	10			
OffsetX	Double		2		
OffsetY	Double		2		

D.5.3 停车泊位通用信息图层

1 图形要素

要素名称	图例符号	符号类别	RGB 色值	说明
泊位线净距标注		3	0,255,0	
车辆通行通道中心线		2	255,191,0	
车辆行驶通道宽度标注	4.00	3	0,255,0	
车辆转弯半径标注	R	3	0,255,0	
坡道宽度标注	4.00	2	0,255,0	
坡道直线纵坡坡度标注	4.00	2	0,255,0	
坡道曲线纵坡坡度标注	4.00	2	0,255,0	
停车库净空高度标注	4.00	2	0,255,0	
地面停车位范围线		2	255,0,255	
地面出入口		1	0,255,255	
车库出入口		1	0,255,255	
地面箭头	行车箭头	0	255,255,255	
消火栓		0	255,0,0	
减速垫		3	255,255,255	
尺寸标注	4.00	3	255,255,255	
停车泊位辅助实线		1	255,255,255	
停车泊位辅助虚线		2	255,255,255	
出入口坡道中心线		2	0,255,255	
坡道剖面线		1	0,255,255	
变坡点符号	变坡点	0	0,255,255	

续表

要素名称	图例符号	符号类别	RGB色值	说明
坡道坡度方向箭头	%	0	0,255,0	

2　属性要素

字段名称	类型	长度	小数位	取值	说明
编号	Number				
图形	Geometry				
名称	Text	20			
类型	Text	10		横向、纵向	
数值	Text	20			
方向	Text	20		直行、直行左转、左转、右转、直行右转、掉头、左右通行、三向通行	
备注	Text	255			

D.5.4　泊车位平面图信息图层

1　图形要素

要素名称	图例符号	符号类别	RGB色值	说明
停车场(库)平面图		5	255,255,255	

2　属性要素

字段名称	类型	长度	小数位	取值	说明
编号	Number				
图形	Geometry				
图廓名称	Text	100			
地面停车场面积	Double		1		

续表

字段名称	类型	长度	小数位	取值	说明
地下停车库面积	Double		1		
地上立体(多层)停车库面积	Double		1		
其他停车库面积	Double		1		
微型车泊位信息	Text	255			
小型车泊位信息	Text	255			
轻型车泊位信息	Text	255			
中型车泊位信息	Text	255			
大型车泊位信息	Text	255			
机械式泊位信息	Text	255			
机械式泊位适停小型车泊位比例	Text	10			
机械式泊位适停中型车泊位比例	Text	10			
机械式泊位适停大型车泊位比例	Text	10			
机械式泊位适停特大型车泊位比例	Text	255			
子母式泊位信息	Text	255			
无障碍泊位信息	Text	255			
安装或预留安装充电设施泊位	Text	255			
货运车装卸泊位信息	Text	255			
地面出入口个数	Number		0		
车库出入口个数	Number		0		
车辆行驶通道/坡道宽度	Text	100			

续表

字段名称	类型	长度	小数位	取值	说明
停车方式	Text	255			
车辆主要行驶通道转弯半径	Text	10			
直线纵坡坡度	Text	10			
曲线纵坡坡度	Text	10			
停车库净空高度	Double		2		
泊位线外边缘与临近柱、墙、护栏及其他构筑物之间横向净距	Text	20			
泊位线外边缘与临近柱、墙、护栏及其他构筑物之间纵向净距	Text	20			
其他	Text	100			
打印纸张	Text	20			
打印比例	Text	20			
打印顺序	Text	10			
OffsetX	Double		2		
OffsetY	Double		2		

D.5.5 泊车位成果图信息图层

1 图形要素

要素名称	图例符号	符号类别	RGB 色值	说明
泊车位成果图图廓		5	255,255,255	

2 属性要素

字段名称	类型	长度	小数位	取值	说明
编号	Number				
图形	Geometry				
图廓名称	Text	100			
层次	Text	20			
总泊车数量	Number		0		
微型车位数量	Number		0		
微型车位实测数据	Text	255			
微型车位规范数据	Text	255			
小型车位数量	Number		0		
小型车位实测数据	Text	255			
小型车位规范数据	Text	255			
轻型车位数量	Number		0		
轻型车位实测数据	Text	255			
轻型车位规范数据	Text	255			
中型车位数量	Number		0		
中型车位实测数据	Text	255			
中型车位规范数据	Text	255			
大型客车车位数量	Number		0		
大型客车车位实测数据	Text	255			
大型车位规范数据	Text	255			
子母车位数量	Number		0		
子母车位实测数据	Text	255			
子母车位规范数据	Text	255			
无障碍车位数量	Number		0		

续表

字段名称	类型	长度	小数位	取值	说明
无障碍车位实测数据	Text	255			
无障碍车位规范数据	Text	255			
货物装卸车位数量	Number		0		
货物装卸车位实测数据	Text	255			
货物装卸车位规范数据	Text	255			
安装或预留安装充电设施泊位数量	Number		0		
安装或预留安装充电设施泊位实测数据	Text	255			
安装或预留安装充电设施泊位规范数据	Text	255			
机械式车位实测数据	Text	255			
机械式泊位实测数量	Number		0		
机械式泊位技术形式	Text	20			
机械式泊位适停车辆的最大外廓尺寸	Text	20			
机械式泊位单车最大进出时间	Text	20			
停车场(库)出入口数量规范值	Text	20			
停车场(库)出入口数量实测值	Text	20			
停车场(库)出入口数量备注	Text	50			
车辆(单向/双向)行驶通道、坡道宽度规范值	Text	30			

续表

字段名称	类型	长度	小数位	取值	说明
车辆(单向/双向)行驶通道、坡道宽度实测值	Text	30			
车辆(单向/双向)行驶通道、坡道宽度备注	Text	255			
车辆主要行驶通道转弯半径规范值	Text	20			
车辆主要行驶通道转弯半径实测值	Text	20			
车辆主要行驶通道转弯半径备注	Text	255			
坡道直线纵坡坡度/曲线纵坡坡度规范值	Text	30			
坡道直线纵坡坡度/曲线纵坡坡度实测值	Text	30			
坡道直线纵坡坡度/曲线纵坡坡度备注	Text	255			
停车库净空高度规范值	Text	20			
停车库净空高度实测值	Text	20			
停车库净空高度备注	Text	255			
泊位线外边缘与临近柱、墙、护栏及其他构筑物之间横向净距规范值	Text	30			
泊位线外边缘与临近柱、墙、护栏及其他构筑物之间横向净距实测值	Text	30			

续表

字段名称	类型	长度	小数位	取值	说明
泊位线外边缘与临近柱、墙、护栏及其他构筑物之间横向净距备注	Text	255			
泊位线外边缘与临近柱、墙、护栏及其他构筑物之间纵向净距规范值	Text	30			
泊位线外边缘与临近柱、墙、护栏及其他构筑物之间纵向净距实测值	Text	30			
泊位线外边缘与临近柱、墙、护栏及其他构筑物之间纵向净距备注	Text	255			
备注	Text	255			
打印纸张	Text	20			
打印比例	Text	20			
打印顺序	Text	10			
OffsetX	Double		2		
OffsetY	Double		2		

D.5.6 坡道纵坡成果图信息图层

1 图形要素

要素名称	图例符号	符号类别	RGB 色值	说明
坡道纵坡成果图图廓	□	5	255,255,255	

2　属性要素

字段名称	类型	长度	小数位	取值	说明
编号	Number				
图形	Geometry				
图廓名称	Text	100			
备注	Text	255			
打印纸张	Text	20			
打印比例	Text	20			
打印顺序	Text	10			
OffsetX	Double		2		
OffsetY	Double		2		

D.5.7　平面自走式泊位统计信息图层

1　图形要素

要素名称	图例符号	符号类别	RGB 色值	说明
泊位统计线	———	1	255,255,255	

2　属性要素

字段名称	类型	长度	小数位	取值	说明
编号	Number				
图形	Geometry				
车位大类(平面/机械/子母)	Text	10		平面自走式车位,机械式车位,子母式车位	
车位类型	Text	20		微型车,小型车,轻型车,中型车,大型车,无障碍,出租车,货运车	
实测停车方式	Text	10		垂直式,平行式,斜列式	

续表

字段名称	类型	长度	小数位	取值	说明
停车类型	Text	10		前进停车，后退停车	
斜列式车位角度	Text	10		30°,45°,60°	
实测车位尺寸	Text	50			
规范车位尺寸	Text	50			
充电设施现状	Text	10		已安装,已预留,无	
位置	Text	50			
编号	Text	20			
总长度	Double		2		
宽度	Double		2		
车位数量	Number		0		
技术形式实测值	Text	10		升降横移,垂直循环,垂直升降,简易升降,其他	
适停车辆最大外廓尺寸实测值	Text	20			
停车设备占用空间尺寸实测值	Text	20			
单车最大进出时间实测值	Text	20			
备注	Text	255			

D.5.8 停车库柱间距图层

1 图形要素

要素名称	图例符号	符号类别	RGB 色值	说明
停车库柱间距标注	4.00	3	255,255,255	

2 属性要素

字段名称	类型	长度	小数位	取值	说明
编号	Number				
图形	Geometry				
泊位编号	Text	10			
规范要求尺寸	Text	50			
实测柱净距	Text	10			
泊位数	Number		0		
左侧靠墙泊位数	Number		0		
是否符合要求	Text	10			
备注	Text	255			

D.5.9 基本信息图层

1 图形要素

要素名称	图例符号	符号类别	RGB色值	说明
ParkingInfo	★	1	255,0,0	停车场基本信息

2 属性要素

字段名称	类型	长度	小数位	取值	说明
PLID	Number				停车场编号
图形	Geometry				
RECORDID	Text	255			备案证号
TYPE	Number			1:室外停车场; 2:室内停车场; 3:综合停车场	类型
FLOORN	Number				楼层数

续表

字段名称	类型	长度	小数位	取值	说明
NAME	Text	255			停车场名称
TIME	Date			格式:YYYY/MM/DD 如2022/2/22代表2022年2月22日	采集时间
SOURCE	Number			1:激光点云; 2:图像; 3:其他	数据来源
CODE	地区编码			所在行政区划代码,如普陀区为"310107"	地区编码
ADDRESS	Text	255		停车场所在的具体地址,如"上海市×××区×××路×××号"	停车场地址
REMARKS	Text	255			备注

D.5.10 出入口图层

1 图形要素

要素名称	图例符号	符号类别	RGB色值	说明
ParkingGate	●	1	255,100,0	停车场出入口

2 属性要素

字段名称	类型	长度	小数位	取值	说明
PGID	Number				出入口编号
图形	Geometry				
TYPE	Number			1:停车场入口; 2:停车场出口; 3:停车场出入口	类型

续表

字段名称	类型	长度	小数位	取值	说明
RTYPE	Number			1:平入式出入口; 2:直线坡道出入口; 3:曲线坡道出入口; 4:直线与曲线组合坡道出入口; 5:其他	坡道类型
FLOOR	Number				楼层
HEIGHT	Number			单位:cm	限高信息
TIME	Date			格式:YYYY/MM/DD 如2022/2/22代表2022年2月22日	采集时间
SOURCE	Number			1:激光点云; 2:图像; 3:其他	数据来源
REMARKS	Text	255			备注

D.5.11 背景图层

1 图形要素

要素名称	图例符号	符号类别	RGB色值	说明
B1ParkingBG (以B1层为例)		5	255,255,255	背景图层

2 属性要素

字段名称	类型	长度	小数位	取值	说明
PBGID	Number				停车场背景编号
图形	Geometry				

续表

字段名称	类型	长度	小数位	取值	说明
PBGNAME	Text	255		停车场背景所在楼层名称，如B1、B2、L1等	停车场背景名称
FLOOR	Number			1、−1、−2等	所在楼层
TYPE	Number			1：平层； 2：连接通道	类型
PLID	Number				所在停车场编号
HEIGHT	Number				限高信息，单位：厘米
TIME	Date			格式：YYYY/MM/DD 如2022/2/22代表2022年2月22日	采集时间
SOURCE	Number			1：激光点云； 2：图像； 3：其他	数据来源
REMARKS	Text	255			备注

D.5.12 停车区域图层

1 图形要素

要素名称	图例符号	符号类别	RGB色值	说明
B1ParkingArea （以B1层为例）		5	255,255,255	区域色值需参照现场实际色值

2 属性要素

字段名称	类型	长度	小数位	取值	说明
PAID	Number				停车场区域编号

续表

字段名称	类型	长度	小数位	取值	说明
图形	Geometry				
PANAME	Text	255		A 区、B 区、C 区等	停车场区域名称
FLOOR	Number				所在楼层
PHOTOID	Text	255		针对区域图标单独存储其照片,该字段记录对应的照片编号	区域图标照片编号
COLOR	Text	255		格式:R,G,B 如 255,255,255	区域识别色
TIME	Date			格式:YYYY/MM/DD 如 2022/2/22 代表 2022 年 2 月 22 日	采集时间
SOURCE	Number			1:激光点云; 2:图像; 3:其他	数据来源
REMARKS	Text	255			备注

D.5.13 车道图层

1 图形要素

要素名称	图例符号	符号类别	RGB 色值	说明
B1Lane(以 B1 层为例)		5	130,130,130	

2 属性要素

字段名称	类型	长度	小数位	取值	说明
PLID	Number				停车场车道区域编号

续表

字段名称	类型	长度	小数位	取值	说明
图形	Geometry				
FLOOR	Number				所在楼层
TIME	Date			格式:YYYY/MM/DD 如 2022/2/22 代表 2022 年 2 月 22 日	采集时间
SOURCE	Number			1:激光点云; 2:图像; 3:其他	数据来源
REMARKS	Text	255			备注

D.5.14 道路标线图层

1 图形要素

要素名称	图例符号	符号类别	RGB 色值	说明
B1RoadMark (以 B1 层为例)		5	255,255,255	道路标线色值需参照现场实际色值

2 属性要素

字段名称	类型	长度	小数位	取值	说明
RMID	Number				道路标线编号
图形	Geometry				
TYPE	Number			1:方向箭头; 2:车道线; 3:停止线; 4:停车让行线; 5:减速让行线; 6:减速带; 7:人行横道; 8:人行横道预警;	标线类型

续表

字段名称	类型	长度	小数位	取值	说明
TYPE	Number			9:禁止停车区； 10:路面数字/文字/符号标识； 11:防滑车道标线； 12:其他	标线类型
COLOR	Number			0:不适用； 1:白色； 2:黄色； 3:其他	颜色
ATYPE	Number			0:不适用； 1:直行； 2:左转； 3:右转； 4:掉头； 5:直行或掉头； 6:左转或掉头； 7:直行或右转； 8:直行或左转； 9:左右转弯； 10:向左合流； 11:向右合流； 12:左转或直行或右转； 13:直行或右转或掉头； 14:直行或左转或掉头； 15:禁止掉头； 16:禁止右转； 17:禁止左转； 18:禁止左转掉头	箭头类型
TIME	Date			格式:YYYY/MM/DD 如2022/2/22代表2022年2月22日	采集时间

续表

字段名称	类型	长度	小数位	取值	说明
SOURCE	Number			1:激光点云; 2:图像; 3:其他	数据来源
REMARKS	Text	255			备注

D.5.15 停车位图层

1 图形要素

要素名称	图例符号	符号类别	RGB 色值	说明
B1Slot(以 B1 层为例)	□	5	255,255,255	

2 属性要素

字段名称	类型	长度	小数位	取值	说明
SID	Number				停车位编号
图形	Geometry				
COLOR	Number			0:不适用; 1:白色; 2:黄色; 3:蓝色; 4:其他	泊位标线颜色
TYPE	Number			1:小型泊位; 2:微型泊位; 3:轻型泊位; 4:中型泊位; 5:大型泊位; 6:无障碍泊位; 7:充电泊位; 8:机械泊位; 9:其他	泊位类型

续表

字段名称	类型	长度	小数位	取值	说明
SLABLE	Text	255		记录泊位上的字母和数字组合的标记,如“DK-40”	泊位标记
SHEIGHT	Number				泊位限高信息,单位:cm
FLOOR	Number				泊位楼层
DTYPE	Number			1:水平式泊位; 2:垂直式泊位; 3:斜列式泊位	方位类型
SPERCEPID	Number				停车信息采集发布设备编号
SSTATE	Number				泊位使用状态(制图时保留空字段)
LPERCEPID	Number				泊位智能管控设备编号
LSTATE	Number				泊位智能管控设备状态(制图时保留空字段)
TIME	Date			格式:YYYY/MM/DD 如2022/2/22代表2022年2月22日	采集时间
SOURCE	Number			1:激光点云; 2:图像; 3:其他	数据来源
REMARKS	Text	255			备注

D.5.16 道路交通标志图层

1 图形要素

要素名称	图例符号	符号类别	RGB 色值	说明
B1TFSign(以 B1 层为例)	●	0	255,255,255	

2 属性要素

字段名称	类型	长度	小数位	取值	说明
TFSID	Number				交通标志编号
图形	Geometry				
SHAPE	Number			1:矩形; 2:正三角形; 3:倒正三角形; 4:圆形; 5:八角形; 6:菱形; 7:其他	形状
TYPE	Number			1:警告标志; 2:禁令标志; 3:指示标志; 4:指路标志; 5:旅游区标志; 6:作业区标志; 7:告示标志; 8:辅助标志; 9:其他	类型
GBTSID	Text	255		GB/T 30699—2014 中的交通标志编码，如禁止非机动车进入标志编码为“1010201600001413”	国标交通标志编码
PHOTOID	Text	255		针对非国标标志单独存储其照片，该字段记录对应的照片编号	非国标标志照片编号

续表

字段名称	类型	长度	小数位	取值	说明
VSIGN	Number			1:否； 2:是	可变信息标识
COLOR	Number			1:红色； 2:黄色； 3:蓝色； 4:绿色； 5:棕色； 6:黑色； 7:白色； 8:橙色； 9:其他	标志牌底色
HEIGHT	Number				中心点距地面高度单位:cm
TIME	Date			格式:YYYY/MM/DD 如 2022/2/22 代表 2022年2月22日	采集时间
SOURCE	Number			1:激光点云； 2:图像； 3:其他	数据来源
REMARKS	Text	255			备注

D.5.17 墙体图层

1 图形要素

要素名称	图例符号	符号类别	RGB色值	说明
B1Wall (以B1层为例)	□	0	255,255,255	

2 属性要素

字段名称	类型	长度	小数位	取值	说明
WID	Number				墙体编号

续表

字段名称	类型	长度	小数位	取值	说明
图形	Geometry				
TYPE	Number			1:柱子; 2:墙体(非柱子部分)	类型
TIME	Date			格式:YYYY/MM/DD 如 2022/2/22 代表 2022 年 2 月 22 日	采集时间
SOURCE	Number			1:激光点云; 2:图像; 3:其他	数据来源
REMARKS	Text	255			备注

D.5.18 附属安全设施图层

1 图形要素

要素名称	图例符号	符号类别	RGB 色值	说明
B1Facility (以 B1 层为例)		0	255,255,255	

2 属性要素

字段名称	类型	长度	小数位	取值	说明
FID	Number				附属安全设施编号
图形	Geometry				
TYPE	Number			1:防撞胶条; 2:凸面镜; 3:消防箱; 4:其他	类型
HEIGHT	Number				中心点距地面高度单位:cm

续表

字段名称	类型	长度	小数位	取值	说明
TIME	Date			格式:YYYY/MM/DD 如2022/2/22代表2022年2月22日	采集时间
SOURCE	Number			1:激光点云; 2:图像; 3:其他	数据来源
REMARKS	Text	255			备注

D.5.19 收费系统道闸图层

1 图形要素

要素名称	图例符号	符号类别	RGB色值	说明
B1Barrier(以B1层为例)		0	255,255,0	

2 属性要素

字段名称	类型	长度	小数位	取值	说明
BID	Number				收费系统道闸编号
图形	Geometry				
TYPE	Number			1:直杆道闸; 2:伸缩杆道闸; 3:栅栏门道闸; 4:折杆道闸; 5:广告道闸; 6:混合道闸; 7:其他	类型
TIME	Number			格式:YYYY/MM/DD 如2022/2/22代表2022年2月22日	采集时间

续表

字段名称	类型	长度	小数位	取值	说明
SOURCE				1:激光点云; 2:图像; 3:其他	数据来源
REMARKS	Text	255			备注

D.5.20 停车信息采集发布设备图层

1 图形要素

要素名称	图例符号	符号类别	RGB 色值	说明
B1SLotCollect (以 B1 层为例)	●	0	255,85,0	

2 属性要素

字段名称	类型	长度	小数位	取值	说明
SCID	Number				停车信息采集发布设备编号
图形	Geometry				
TYPE	Number			1:车位检测器; 2:引导屏; 3:其他	类型
HEIGHT	Number				中心点距地面高度单位:cm
TIME	Date			格式:YYYY/MM/DD 如 2022/2/22 代表 2022 年 2 月 22 日	采集时间
SOURCE	Number			1:激光点云; 2:图像; 3:其他	数据来源
REMARKS	Text	255			备注

D.5.21 泊位智能管控设备图层

1 图形要素

要素名称	图例符号	符号类别	RGB 色值	说明
B1SlotControl (以 B1 层为例)	●	0	255,170,0	

2 属性要素

字段名称	类型	长度	小数位	取值	说明
CID	Number				泊位智能管控设备编号
图形	Geometry				
TYPE	Number			1:手动式车位锁; 2:遥控式车位锁; 3:其他	类型
TIME	Date			格式:YYYY/MM/DD 如 2022/2/22 代表 2022 年 2 月 22 日	采集时间
SOURCE	Number			1:激光点云; 2:图像; 3:其他	数据来源
REMARKS	Text	255			备注

D.5.22 定位基站图层

1 图形要素

要素名称	图例符号	符号类别	RGB 色值	说明
B1Locate (以 B1 层为例)	●	0	0,255,0	

2 属性要素

字段名称	类型	长度	小数位	取值	说明
LID	Number				定位基站编号
图形	Geometry				
TYPE	Number			1:UWB 基站； 2:蓝牙基站； 3:其他	类型
HEIGHT	Number				中心点距地面高度单位:cm
TIME	Date			格式:YYYY/MM/DD 如 2022/2/22 代表 2022 年 2 月 22 日	采集时间
SOURCE	Number			1:激光点云； 2:图像； 3:其他	数据来源
REMARKS	Text	255			备注

D.5.23 路侧单元图层

1 图形要素

要素名称	图例符号	符号类别	RGB 色值	说明
B1RSU(以 B1 层为例)	●	0	0,0,255	

2 属性要素

字段名称	类型	长度	小数位	取值	说明
RSUID	Number				路侧单元编号
图形	Geometry				
HEIGHT	Number				中心点距地面高度单位:cm

续表

字段名称	类型	长度	小数位	取值	说明
TIME	Date			格式:YYYY/MM/DD 如 2022/2/22 代表 2022 年 2 月 22 日	采集时间
SOURCE	Number			1:激光点云; 2:图像; 3:其他	数据来源
REMARKS	Text	255			备注

D.5.24 全息感知系统图层

1 图形要素

要素名称	图例符号	符号类别	RGB 色值	说明
B1Percep(以 B1 层为例)	●	0	197,0,255	

2 属性要素

字段名称	类型	长度	小数位	取值	说明
PERCEPID	Number				路侧感知设备编号
图形	Geometry				
TYPE	Number			1:激光雷达; 2:毫米波雷达; 3:摄像机; 4:其他	类型
HEIGHT	Number				中心点距地面高度单位:cm
TIME	Date			格式:YYYY/MM/DD 如 2022/2/22 代表 2022 年 2 月 22 日	采集时间

续表

字段名称	类型	长度	小数位	取值	说明
SOURCE	Number			1:激光点云; 2:图像; 3:其他	数据来源
REMARKS	Text	255			备注

D.5.25 兴趣点图层

1 图形要素

要素名称	图例符号	符号类别	RGB色值	说明
B1POI(以B1层为例)	●	0	255,0,255	

2 属性要素

字段名称	类型	长度	小数位	取值	说明
POIID	Number				POI编号
图形	Geometry				
TYPE	Number			1:超市/商场入口; 2:直梯口; 3:扶梯口; 4:楼梯口; 5:本楼层入口; 6:本楼层出口; 7:洗车店; 8:卫生间; 9:泊位中心点; 10:其他	类型
SUBTYPE	Number			兴趣点子类型:如兴趣点为停车位,则按照停车位图层的TYPE字段填写	子类型

续表

字段名称	类型	长度	小数位	取值	说明
TIME	Date			格式:YYYY/MM/DD 如2022/2/22代表2022年2月22日	采集时间
SOURCE	Number			1:激光点云; 2:图像; 3:其他	数据来源
REMARKS	Text	255			备注

D.5.26 泊位中心点图层

1 图形要素

要素名称	图例符号	符号类别	RGB色值	说明
B1SlotCenter (以B1层为例)	●	0	0,0,255	一般取泊位对角线相交点

2 属性要素

字段名称	类型	长度	小数位	取值	说明
SCID	Number				泊位中心点编号
图形	Geometry				
TYPE	Number			1:小型泊位; 2:微型泊位; 3:轻型泊位; 4:中型泊位; 5:大型泊位; 6:无障碍泊位; 7:充电泊位; 8:机械泊位; 9:其他	泊位类型
SLABLE	Text	255		如"DK-40"	泊位标记
FLOOR	Number				泊位楼层

续表

字段名称	类型	长度	小数位	取值	说明
SSTATE	Number			0:空闲; 1:占用; 2:预约; 9:未知	泊位使用状态(制图时保留空字段)
TIME	Date			格式:YYYY/MM/DD 如2022/2/22代表2022年2月22日	采集时间
SOURCE	Number			1:激光点云; 2:图像; 3:其他	数据来源
REMARKS	Text	255			备注

D.5.27 明显点图层

1 图形要素

要素名称	图例符号	符号类别	RGB色值	说明
明显点	●	0	255,0,0	

2 属性要素

字段名称	类型	长度	小数位	取值	说明
编号	Number				
图形	Geometry				
X坐标	Number		3		
Y坐标	Number		3		
所在楼层	Number				
备注	Text	255			

D.6 消防测量

D.6.1 消防间距信息图层

1 图形要素

要素名称	图例符号	符号类别	RGB色值	说明
消防车道标注	4.00	3	0,0,255	
防火间距标注	4.00	3	255,255,255	

2 属性要素

字段名称	类型	长度	小数位	取值	说明
编号	Number				
图形	Geometry				
起始位置	Text	50			
终点位置	Text	50			
批准尺寸	Double		2		
实测尺寸	Double		2		
分类号	Text	20		400000:字高1.5; 400001:字高2.0; 400002:字高2.5; 400003:字高3.0; 400004:字高3.5; 400005:字高4.0; 400011:字高4.5; 400012:字高5.0; 400013:字高5.5; 400014:字高6.0	
序号	Text	10			

D.6.2 消防室外要素图层

1 图形要素

要素名称	图例符号	符号类别	RGB色值	说明
消防车通道		2	0,0,255	
消防救援口		0	255,0,0	
消防辅助实线		1	255,255,255	
消防辅助虚线		2	255,255,255	
消防车道边线		1	0,0,255	

2 属性要素

字段名称	类型	长度	小数位	取值	说明
编号	Number				
图形	Geometry				
编号	Number		0		
形式	Text	20		环形式,尽头式,其他	
宽度	Number		2		
净宽	Number		2		
转弯半径	Number		2		
坡度	Text	10			
净高	Number		2		
环形式连通口数量	Number				
尽头式回车场尺寸	Text	20			

D.6.3 消防登高面图层

1 图形要素

要素名称	图例符号	符号类别	RGB色值	说明
消防登高场地	消防登高场地	5	255,0,255	

2　属性要素

字段名称	类型	长度	小数位	取值	说明
编号	Number				
图形	Geometry				
编号	Number		0		消防登高场地编号
长度	Double		2		
宽度	Double		2		
坡度	Text	10			
距离外墙尺寸	Text	20			

D.6.4　消防总平面布置信息图层

1　图形要素

要素名称	图例符号	符号类别	RGB色值	说明
消防总平面布置图图廓		5	255,255,255	

2　属性要素

字段名称	类型	长度	小数位	取值	说明
编号	Number				
图形	Geometry				
委托单位	Text	255			
项目名称	Text	255			
打印纸张	Text	20			
打印比例	Text	20			
打印顺序	Number		0		

D.6.5 消防防火间距信息图层

1 图形要素

要素名称	图例符号	符号类别	RGB色值	说明
消防防火间距图廓	▭	5	255,255,255	

2 属性要素

字段名称	类型	长度	小数位	取值	说明
编号	Number				
图形	Geometry				
委托单位	Text	255			
项目名称	Text	255			
防火间距	Text	255			
打印纸张	Text	20			
打印比例	Text	20			
打印顺序	Number		0		

D.6.6 消防建筑物高度单体信息图层

1 图形要素

要素名称	图例符号	符号类别	RGB色值	说明
消防建筑物单体图图廓	▭	5	255,255,255	

2 属性要素

字段名称	类型	长度	小数位	取值	说明
编号	Number				
图形	Geometry				
委托单位	Text	255			

续表

字段名称	类型	长度	小数位	取值	说明
项目名称	Text	255			
防火间距	Text	255			
打印纸张	Text	20			
打印比例	Text	20			
打印顺序	Number		0		

D.6.7 消防通用图层

1 图形要素

要素名称	图例符号	符号类别	RGB 色值	说明
坡度标注	0%	0	0,255,0	

2 属性要素

字段名称	类型	长度	小数位	取值	说明
编号	Number				
图形	Geometry				
数值	Double		2		
方向	Text	10		1:正向,2:反向	
位置	Text	50			

附录 E 属性项及代码

E.0.1 符号类别参照表

代码	值
0	点
1	简单线
2	复杂线
3	点线
4	面线
5	面

E.0.2 建筑物范围线属性表_结构参照表

代码	值
−1	暂缺
0	其他
1	砼
2	坚
3	砖
4	建
5	混
6	破

E.0.3 任务单信息属性表_项目阶段参照表

代码	值
1	建设工程开工放样预测(预测)

续表

代码	值
2	建设工程开工放样检测(灰线)
3	建设工程±0检测(正负零)
4	建设工程结构到顶检测(到顶)
5	建设工程竣工规划验收测量(竣工)

E.0.4 建筑物范围线属性表_建筑物用途参照表

代码	值
−1	暂缺
0	其他
1	住宅
2	办公
3	商住
4	车库
5	电梯房
6	架空房
7	医院
8	学校(幼儿园、托儿所等)
9	工厂
10	公司
11	政府
12	歌舞厅(娱乐场所)
13	商场、超市、农贸市场
14	酒店
15	管理所
16	加油站
17	图书馆、档案馆、文化馆

续表

代码	值
18	仓储物流
19	福利院
20	养老护理院
21	社区菜场
22	批发市场(水果、蔬菜)
23	体育活动场所
24	垃圾处理设施

E.0.5 建筑物范围线属性表_测算合一_自然幢_房屋结构参照表

代码	值
1	钢结构
2	钢、钢混
3	钢混
4	混合 1
5	混合 2
6	砖木 1
7	砖木 2
8	砖木 3
9	其他

E.0.6 建筑物范围线属性表_测算合一_逻辑幢_数据来源参照表

代码	值
1	权籍
2	调查

续表

代码	值
3	勘察
4	房调数据
5	公房数据
6	预搭在建
7	预测在建
8	新调房屋
9	农村地籍更新调查
10	测算合一

E.0.7 建筑物范围线属性表_测算合一_逻辑幢_房屋类型参照表

代码	值
−10	联列住宅
−8	公寓
−6	农民住宅(1)
−4	农民住宅(2)
−2	会所
3	花园住宅
4	新式里弄
7	新工房 3
8	旧式里弄 1
9	旧式里弄 2
10	简屋
11	旅馆
12	办公楼
13	工厂

续表

代码	值
14	站场码头
15	仓库堆栈
16	商场
17	店铺
18	学校
19	文化馆
20	体育馆
21	影剧院
22	福利院
23	医院
24	农业建筑
25	公共设施用房
26	寺庙教堂
27	宗祠山庄
28	其他
40	职工(集体)宿舍
41	科研设计用房

E.0.8 房屋平面图属性表_测算合一_户_建筑类型参照表

代码	值
−10	联列住宅
−8	公寓
−6	农民住宅(1)
−4	农民住宅(2)
−2	会所
3	花园住宅

续表

代码	值
4	新式里弄
7	新工房 3
8	旧式里弄 1
9	旧式里弄 2
10	简屋
11	旅馆
12	办公楼
13	工厂
14	站场码头
15	仓库堆栈
16	商场
17	店铺
18	学校
19	文化馆
20	体育馆
21	影剧院
22	福利院
23	医院
24	农业建筑
25	公共设施用房
26	寺庙教堂
27	宗祠山庄
28	其他
40	职工(集体)宿舍
41	科研设计用房

E.0.9 房屋平面图属性表_测算合一_户_房屋类型参照表

代码	值
5	系统公房
6	直管公房
7	经济适用住房
8	公共租赁住房
9	单位租赁住房
10	廉租住房
11	动迁安置房
12	限价商品住房
13	农村租赁住房
14	大居商业配套
15	共有产权保障住房

E.0.10 房屋平面图属性表_测算合一_户_房屋来源参照表

代码	值
1	新建
2	买卖
3	房改售房
4	交换
5	赠予
6	继承
7	判决
8	分立合并
9	其他
10	投资入股
11	拍卖
12	遗赠
13	抵债

E.0.11　房屋平面图属性表_测算合一_户_房屋分类参照表

代码	值
−1	暂缺
1	商品住宅
17	商品非住宅
19	其他非住宅
21	农村非住宅
23	农民住宅

E.0.12　房屋平面图属性表_测算合一_户_房屋用途参照表

代码	值
21	居住
31	旅(宾)馆
33	办公
35	厂房
37	交通运输
39	仓储
41	商业
43	店铺
45	教育
47	文化展览
49	体育
51	影剧娱乐
53	社会福利
55	医疗
57	农业服务
59	公用服务
61	特种用途

续表

代码	值
63	会所
64	职工(集体)宿舍
65	科研设计

E.0.13 房屋平面图属性表_测算合一_户_户型参照表

代码	值
1	一室
2	一室半
3	一室一厅
4	二室
5	二室半
6	二室一厅
7	二室二厅
8	三室
9	三室一厅
10	三室二厅
11	四室
12	四室一厅
13	四室二厅
14	五室二厅
15	五室三厅
16	开间
18	复式
19	一室两厅
20	一室三厅
21	二室三厅

续表

代码	值
22	三室三厅
23	四室三厅
24	独立别墅
25	联体别墅
26	其他
31	不成套

E.0.14 房屋平面图属性表_测算合一_户_土地实际用途参照表

代码	值
311P	311P
311K	311K
311W	311W
317K	317K
317P	317P
317W	317W
111	灌溉水田
112	望天田
113	水浇地
114	旱地
115	菜地
121	果园
122	桑园
123	茶园
124	橡胶园
125	其他园地
131	有林地

续表

代码	值
132	灌木林地
133	疏林地
134	未成林造林地
135	迹地
136	苗圃
141	天然草地
142	改良草地
143	人工草地
151	畜禽饲养地
152	设施农业用地
153	农村道路
154	坑塘水域
155	养殖水面
156	农田水利用地
157	田坎
158	晒谷场等用地
211	商业用地
212	金融保险用地
213	餐饮旅馆业用地
214	其他商服用地
221	工业用地
222	采矿地
223	仓储用地
231	公共基础设施用地
232	瞻仰景观休闲用地
241	机关团体用地

续表

代码	值
242	教育用地
243	科研设计用地
244	文体用地
245	医疗卫生用地
246	慈善用地
251	城镇单一住宅用地
252	城镇混合住宅用地
253	农村宅基地
254	空闲宅基地
261	铁路用地
262	公路用地
263	民用机场
264	港口码头用地
265	管道运输用地
266	街巷
271	水库水面
272	水工建筑用地
281	军事设施用地
282	使领馆用地
283	宗教用地
284	监教场所用地
285	墓葬地
311	荒草地
312	盐碱地
313	沼泽地
314	沙地

续表

代码	值
315	裸土地
316	裸岩石砾地
317	其他未利用土地
321	河流水面
322	湖泊水面
323	苇地
324	滩涂
325	冰川永久积雪
121K	可调整果园
122K	可调整桑园
123K	可调整茶园
124K	可调整橡胶园
125K	可调整其他园地
131K	可调整有林地
134K	可调整未成林造林地
136K	可调整苗圃
143K	可调整人工草地
155K	可调整养殖水面

E.0.15 房屋平面图属性表_测算合一_户_土地来源参照表

代码	值
21	划拨
22	出让
23	作价出资或者入股
24	租赁
25	授权经营

续表

代码	值
26	荒地拍卖
27	批准拨用宅基地
28	批准拨用企业用地
29	集体土地入股
30	联营
39	其他

E.0.16 房屋平面图属性表_测算合一_户_数据来源参照表

代码	值
1	权籍
2	调查
3	勘察
4	房调数据
5	公房数据
6	预搭在建
7	预测在建
8	新调房屋
9	农村地籍更新调查
10	测算合一

本标准用词说明

1 为便于在执行本标准条文时区别对待，对要求严格程度不同的用词说明如下：

1）表示很严格，非这样做不可的用词：

正面词采用“必须”；

反面词采用“严禁”。

2）表示严格，在正常情况下均应这样做的用词：

正面词采用“应”；

反面词采用“不应”或“不得”。

3）表示允许稍有选择，在条件许可时首先应这样做的用词：

正面词采用“宜”；

反面词采用“不宜”。

4）表示有选择，在一定条件下可以这样做的用词，采用“可”。

2 标准中指定应按其他有关标准执行时，写法为“应符合……的规定(要求)”或“应按……执行”。

引用标准名录

本标准引用的规范、规程、标准、文件，凡是注日期的，仅所注日期的版本适用于本标准；凡是不注日期的，其最新版本（包括所有的修改单）适用于本标准。

1 《基础地理信息要素分类与代码》GB/T 13923

2 《国家基本比例尺地形图更新规范》GB/T 14268

3 《测绘基本术语》GB/T 14911

4 《大比例尺地形图机助制图规范》GB 14912

5 《数字测绘成果质量要求》GB/T 17941

6 《房产测量规范　第1单元：房产测量规定》GB/T 17986.1

7 《房产测量规范　第2单元：房产图图式》GB/T 17986.2

8 《数字地形图系列和基本要求》GB/T 18315

9 《数字测绘成果质量检查与验收》GB/T 18316

10 《国家基本比例尺地图图式　第1部分：1∶500　1∶1 000　1∶2 000 地形图图式》GB/T 20257.1

11 《基础地理信息要素数据字典　第1部分：1∶500　1∶1 000　1∶2 000 比例尺》GB/T 20258.1

12 《测绘成果质量检查与验收》GB/T 24356

13 《建筑设计防火规范》GB 50016

14 《工程测量标准》GB 50026

15 《人民防空地下室设计规范》GB 50038

16 《人民防空工程设计规范》GB 50225

17 《建筑工程建筑面积计算规范》GB/T 50353

18 《工程测量通用规范》GB 55018

19 《建筑与市政工程无障碍通用规范》GB 55019

20 《民用建筑通用规范》GB 55031

21 《建筑防火通用规范》GB 55037

22 《道路交通标志和标线　第1部分:总则》GB 5768.1

23 《道路交通标志和标线　第2部分:道路交通标志》GB 5768.2

24 《道路交通标志和标线　第3部分:道路交通标线》GB 5768.3

25 《城市测量规范》CJJ/T 8

26 《卫星定位城市测量技术标准》CJJ/T 73

27 《城市基础地理信息系统技术规范》CJJ/T 100

28 《城市地理空间框架数据标准》CJJ/T 103

29 《停车场(库)标志设置规范》DB31/T 485

30 《公共停车场(库)智能停车管理系统建设技术导则》DB31/T 976

31 《公共停车信息联网技术要求》DB31/T 1083

32 《建筑工程交通设计及停车库(场)设置标准》DG/TJ 08—7

33 《机械式停车库(场)设计规程》DG/TJ 08—60

34 《1∶500　1∶1 000　1∶2 000 数字地形测绘标准》DG/TJ 08—86

35 《无障碍设施设计标准》DGJ 08—103

36 《公共汽车和电车首末站、枢纽站建设标准》DG/TJ 08—2057

37 《电动汽车充电基础设施建设技术规范》DG/TJ 08—2093

38 《卫星定位测量技术规范》DG/TJ 08—2121

39 《测绘成果质量检验标准》DG/TJ 08—2322

上海市工程建设规范

建筑工程“多测合一”技术标准

DG/TJ 08—2439—2024
J 17323—2024

条 文 说 明

2024　上海

目　次

Contents

1 总 则

1.0.1 本条阐明了编制本标准的目的。本标准的制定可以为建筑工程“多测合一”工作的顺利开展提供依据，为“多测合一”实施方提供可靠、专业、权威的指引与借鉴，解决现有多头测绘、重复测绘、标准规范不统一、质量监管力量薄弱等问题，提高工作效率。

1.0.2 本条说明了本标准的适用范围。本标准将建立一套适合于本市特色的建筑工程“多测合一”标准，实现“多测合一”内容全维度覆盖，包括地物要素测量、开工放样复验测量、竣工规划资源验收测量、房产平面测量、民防工程测量、机动车停车场（库）测量、绿地面积测量、消防测量，遵循“一次委托、统一测绘、成果共享”的原则，统一“多测合一”空间框架，采集规范、分类编码和交换格式等，最终为城市建设和规划审批提供支撑。

3 基本规定

3.1 测绘基准

3.1.1,3.1.2 坐标系和高程基准的选择及采用是统一建筑工程“多测合一”的基础,本条明确了建筑工程“多测合一”坐标系统应首先采用上海2000坐标系以及吴淞高程系。

3.2 测量精度要求

3.2.1 本条明确了所用测绘仪器设备、软件的要求。

3.2.3 本条统一了点位精度的要求,重要地物点统一以房产平面测量的精度施测,确保满足房产、地形等成果要求。本条开工放样复验阶段的明显标记放样点检测指同精度检测;用高精度检测时,坐标检测中误差不得大于5 cm。

3.2.5 本条第一点强调的是施测精度,确保成果满足1∶500地形图的要求。

3.2.6 本条统一了面积测算的精度要求,统一以房产测绘的面积测算精度为准。

4　控制测量

4.1　一般规定

4.1.1　本标准的控制测量工作应符合所引用相关标准的规定，且同时满足建筑工程“多测合一”覆盖的各类测绘工作的要求。

4.1.2　固定标志指坚固稳定且易于重复利用的标志，如六角钢钉等。采用固定标志易于建筑工程“多测合一”覆盖的各类测绘工作以及后续检查工作的开展。

4.2　平面控制测量

4.2.1　随着卫星定位测量的普及，城市平面控制网的布设无需逐级控制。建筑工程“多测合一”普遍利用 SHCORS 系统采用 GNSS RTK 技术布设平面控制。当个别项目确需等级控制时，仍应遵循“从整体到局部、分级布网”的原则，且应符合相关标准的规定。

平面控制点密度是根据各种比例尺测图的细部点测量最大长度来估算，推算出各种比例尺最少平面控制点个数。按照现行上海市工程建设规范《1∶500　1∶1 000　1∶2 000 数字地形测绘标准》DG/TJ 08—86 的要求，平坦开阔地区平面控制点密度见表 1。

表 1　各比例尺平面控制点密度要求

测图比例尺	1∶500	1∶1 000	1∶2 000
平面控制点密度(km^2)	≥64	≥16	≥4

4.3 高程控制测量

4.3.1 一个城市应采用统一的高程系，本市建筑工程“多测合一”宜采用吴淞高程系。水准点应附合在两个或以上已知水准点上，这主要是考虑本市地面沉降量比较大，同时大规模的市政建设也影响了水准点的稳定性，为保证水准点成果的可靠性，水准路线应附合在两个已知水准点上。当利用一个已知水准点布设闭合水准环时，应对该点进行稳定性的检验。

4.3.2 根据现行行业标准《城市测量规范》CJJ/T 8，考虑到图根高程点应留有一定的精度储备，水准路线中最弱点高程中误差取±0.03 m。本标准本条列出了“多测合一”水准测量的技术要求：

路线长度 $L=8$ km；

每千米高差中误差 $M_W=\pm 0.02$ m/km。

水准路线最弱点高程中误差 M_h 按下式计算：

$$M_h=\frac{1}{2}M_W\sqrt{L}=\pm\frac{1}{2}\times 0.02\times\sqrt{8}=\pm 0.028\ \text{m}$$

满足水准路线中最弱点高程中误差±0.03 m 的要求。

5　要素测量

5.1　一般规定

5.1.1　本章节测量内容、测量方法除引用部分国家规范、行业规范、地方规范(见本标准“引用标准名录”)外,同时引用了政府的相关规定:

1　《国务院办公厅关于开展工程建设项目审批制度改革试点的通知》(国办发〔2018〕33 号)。

2　《上海市工程建设项目审批制度改革试点实施方案》(沪府规〔2018〕14 号)。

3　《关于全面推进工程建设项目“多测合一”改革的实施意见》(沪规土资测〔2018〕591 号)。

4　《关于进一步加强本市民防工程停车位管理工作的通知》(沪民防〔2021〕120 号)。

5　《上海市房产面积测算规范》)(沪建权籍〔2017〕583 号)。

6　《上海市地下建筑面积分类及计算规则》(沪规划资源建〔2020〕49 号)。

7　《上海市建筑面积计算规划管理规定》(沪规划资源建〔2021〕363 号)。

8　《关于进一步提升本市保障性住房工业化建设水平的通知》(沪建材联〔2018〕224 号)。

9　《上海市绿化条例》。

10　《上海市绿化行政许可审核若干规定》。

5.1.4　本条指的边长和距离包括:建(构)筑物边长、停车位尺寸、停车场(库)的通道宽度、停车场(库)内车位与其他物体之间横向净距、民防工程的墙、柱、人防门、口部及口部外通道、生活和设备设施等辅助房间的尺寸、防火间距、消防车道的宽度、消防回车场尺寸、消防车道靠建筑外墙一侧的边缘至建筑外墙的距离、消防车登高操作场地的尺寸以及四至间距和建筑物至控制线之间的退界等。

5.1.5 本条指的高度包括：建(构)筑物层高、净高，建(构)筑物规划批准位置处高度、最高点位置、附属设施高度、停车库的净空高度以及消防高度、消防车道的净空高度等。

5.1.6 本条指的高程包括：建(构)筑物室内外地坪高程、地下室地坪高程、消防车登高操作场地、地貌高程、道路高程等。

5.2 开工放样复验(阶段)测量

5.2.2 除另有规定外，退界、间距是指两幢建筑的外墙面之间的最小的垂直距离。建筑物有每处不超过 3 m 长(含 3 m)的凸出部分(如楼梯间)，凸出距离不超过 1 m，且其累计总长度不超过同一面建筑外墙总长度的 1/4 者，其最小距离可忽略不计凸出部分。居住建筑阳台累计总长度(凸出于山墙面之外或转弯到山墙面上的阳台长度可不计)不超过同一建筑外墙总长度 1/2 的(含 1/2)，其最小距离仍以建筑外墙计算；超过 1/2 的，应以阳台外缘计算四至距离。坡度大于 45°的坡屋面建筑，其建筑间距是指自屋脊线在地面上的垂直投影线至被遮挡建筑的外墙面之间最小的垂直距离。

5.3 竣工(阶段)测量

Ⅰ 地物要素测量

5.3.2 地上建(构)筑物及其他设施测量内容包含但不限于下列内容：裙房、檐廊、架空通廊、底层阳台、门廊、柱廊、天井、台阶、斜台、室外楼梯、建筑物下通道、地下建筑物天窗、通风口等。地上建(构)筑物应采集其结构、用途、楼层数、架空层数,建筑物的相对高度、绝对高度,建筑物的所有者、地址、竣工年代、设计者以及设计单位等。其他设施应采集其绝对高度、编号、权属单位、用途等。

5.3.3 地下建(构)筑物应采集其结构、用途、楼层数,建筑物的相对高度、绝对高度,建筑物的所有者、地址、竣工年代、设计者以及设计单位等。

5.3.5 市政道路应采集道路名称、路面材料、道路类型、道路等级、管理单位、维护单位等。铁路应采集铁路名称以及线路代码,火车站台应采集站台名称等。

Ⅱ 规划资源验收专业要素测量

5.3.14 本条相关说明参见条文说明5.22。

Ⅲ 房产专业要素测量

5.3.17 测量基本要求应满足《上海市房产面积测算规范》的规定。

1 新建或改扩建项目中,竣工图、规划核准图、实地三者内容应相符,测量的成果图形数据应与上述三者相符;如确有不符,不符之处应注明。

2 房屋平面形状边长测量与数据记录应当全面、完整、清晰,具体包括:不同平面外形的楼层、突出屋面的建筑、房屋中的井道和上空部位、阳台、室外走廊、架空通廊、架空层、门斗、门廊及雨篷等。

3 独立成幢的房屋,以房屋外围墙体外侧为界测量;毗连房屋的相邻墙体,由相关房屋所有权人指界,区分自墙、共墙或他墙,以墙体所有权界址为界测量。

4 房屋应分层、分套进行测量:

1) 区分所有房屋或多种用途的综合楼应分层测量各楼层

内专有和共有部位，或功能部位。

2）同一宗地内相同的房型和套型可抽取其中不少于3个进行测量（仅有2个相同的则测量2个），相同房型和套型间的面积误差满足要求时，可取其平均测量值作为相同房型或套型测量数据。

5 房产平面测量可绘制草图或以竣工图为工作底图，注记以下相应内容（用红色水笔以备长久保存）：

1）在底层图纸的右上角注记北方向线“N↑”；在底层图纸下部签注测量人员姓名及测量日期。

2）底层图纸右下角注明详细地址，其余层次仅注记门牌号（底层门牌号注记在实际开门处，其余层次注记在相应位置）。

3）房屋使用名义层次的应在相应的楼层图上注明名义层次。

4）专有部位在其适当位置上注记室号（无室号的注部位名称），共有部位在其适当位置上注记部位名称或使用功能（实地使用功能与图纸上记载相符的可以不再注记）。

5）注记房屋各层外廓及其内外附属部位边长，注记房屋专有、共有部位室内净空边长、墙体厚度（房屋外廓的全长与室内分段长度之和的较差在限差内时，应以房屋外廓边长为准，分段测量的数据按比例配赋，超差须进行复量）。

6）注记阳台开、封情况，注记墙体归属、四至情况。

7）设计层高在2.20 m（含2.20 m）以下的，在实地应选择一定部位测量层高，并在相应位置注明。

6 层高

1）层高是指上、下两层楼板结构面之间的垂直距离。最底层的层高指底板（没底板的按地面）结构面至上一层楼板结构面之间的垂直距离；最上层的层高指其楼板结构面至屋面板结构面最低处（屋面与外墙外侧交接处）之间的垂直距离，屋面上覆盖的瓦、保温层、防渗层、装饰性面层等不计入层高；雨篷、阳台、门斗、廊、架空部位等的层高指其底板结构面至上盖（或上层底板）结构面的垂直距离；楼梯、坡道的层高按其连接的楼层层高确定。（楼板、地坪结构面上的木地板、地砖及其他面层均不计入层高），见图 1。

2）楼板、底板、地面、屋面板在同一楼层内不连续且高度不同时，应按各自的高度分别确定相应部位的层高（不连续是指同一楼层内有多个板块，且这些板块的标高不相同。如错层、花式屋顶等），如图 1 所示。

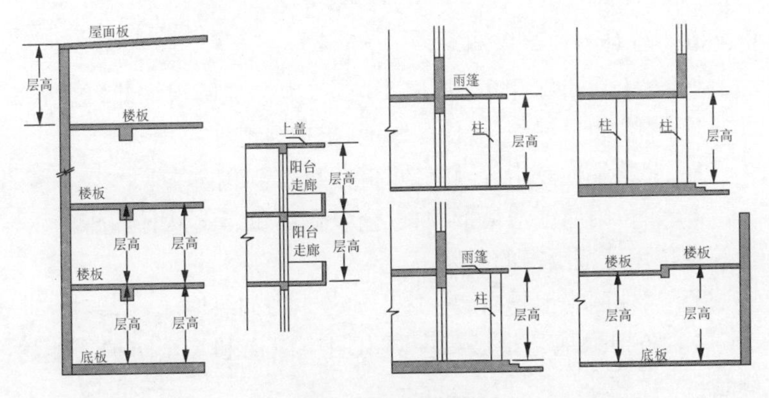

图 1　层高示例图

7　高度

高度是指室内楼板（或底板、地面）结构面至屋面板结构面之间的垂直距离。遇向内倾斜、弧形等非垂直墙体时，高度指室内楼板（或底板、地面）结构面至非垂直墙体外结构面的垂直距离。楼梯下、看台下、坡道下的高度指室内楼板（或底板、地面）结构面至楼梯、看台、坡道结构面的垂直距离，如图 2 所示。

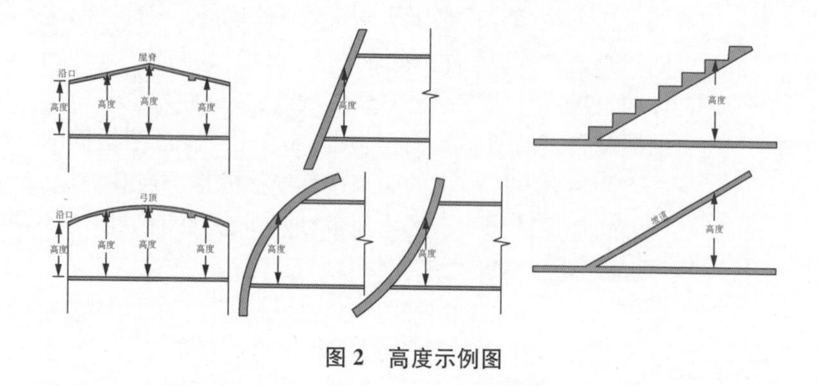

图2　高度示例图

Ⅳ　绿地专业要素测量

5.3.46　绿地专业要素测量：

按照《上海市绿化条例》相关规定，本标准所指绿地，包括公共绿地、单位附属绿地、居住区绿地、防护绿地等。

1　公共绿地是指公园绿地、街旁绿地和道路绿地。

2　单位附属绿地是指机关、企事业单位、社会团体、部队、学校等单位用地范围内的绿地。

3　居住区绿地是指居住区用地范围内的绿地。

4　防护绿地是指城市中具有卫生隔离和安全防护功能的绿地。

Ⅴ　民防专业要素测量：

5.3.47　民防工程仅指人民防空工程，包括为保障战时人员与物资掩蔽、人民防空指挥、医疗救护等而单独修建的地下防护建筑，以及结合地面建筑修建的战时可用于防空的地下室。因本标准适用范围为建筑工程，故不含轨道交通、隧道和地道兼顾设防工程。

5.3.48　民防专项资金投资民防工程的建筑面积计算方法参照单独修建的民防工程面积计算方法。

Ⅵ 机动车停车场(库)专业要素测量

5.3.56 停车场(库)要素测量:

1 停车场(库)空间位置应采用上海2000坐标系、吴淞高程系,地上地下空间位置需与规划和资源验收测量保持一致,可以利用竣工规划资源验收测量成果。如果地下空间外轮廓点无法测绘的情况下,可根据实测内角点坐标采用外推法确定。外推时墙体厚度可采用实测数据或参照竣工图数据。

2 根据现行上海市工程建设规范《建筑工程交通设计及停车库(场)设置标准》DG/TJ 08—7的内容,调整了停车位类型、方式的表述,调整了净空高度测量、横向净距测量的方法。

6 成果计算与制作

6.1 一般规定

6.1.1 本条规定了本市建筑工程“多测合一”测量各阶段所需成果的计算与制作。本章节在各项指标计算与统计中除引用部分国家规范、行业规范、地方规范(见本标准“引用标准名录”)外,还引用了政府的相关规定:

1 《国务院办公厅关于开展工程建设项目审批制度改革试点的通知》(国办发〔2018〕33号)。

2 《上海市工程建设项目审批制度改革试点实施方案》(沪府规〔2018〕14号)。

3 《关于全面推进工程建设项目“多测合一”改革的实施意见》(沪规土资测〔2018〕591号)。

4 《关于进一步加强本市民防工程停车位管理工作的通知》(沪民防〔2021〕120号)。

5 《上海市房产面积测算规范》。

6 《上海市地下建筑面积分类及计算规则》(沪规划资源建〔2020〕49号)。

7 《上海市建筑面积计算规划管理规定》(沪规划资源建〔2021〕363号)。

8 《关于进一步提升本市保障性住房工业化建设水平的通知》(沪建材联〔2018〕224号)。

9 《上海市绿化条例》。

10 《上海市绿化行政许可审核若干规定》。

6.3 竣工(阶段)成果计算与制作

Ⅰ 规划资源验收计算与成果制作

6.3.4 本条地下室室内地坪面、室外地坪面应符合下列规定:

1 地下室房间地坪面低于室外地坪面的高度超过该房间净高的1/2,地下室在室外地面以上部分的高度不超过1 m,且除地下车库的情形外只能通过垂直交通(电梯、楼梯)进入室内。

2 建筑物的室外地面标高,应当符合控制性详细规划的要求。控制性详细规划中未明确规定的,基地内又无法采用统一的室外地面标高以及其他确需构筑地形的,应综合考虑该地区城市排水设施情况和附近道路、建筑物标高,通过编制修建性详细规划确定室外地面标高。

3 控制性详细规划、修建性详细规划均未明确规定的,建筑物的室外地面标高一般以周边相邻的城市道路中心线标高为基准加上0.30 m。

4 建筑物室外地面标高不一致的,以较低的标高作为该建筑物的室外地面标高。

5 地下室设置通风采光井以改善地下室室内环境的,通风采光井宽度(取采光井围护结构外围至地下室外墙面的最大垂直距离)不宜超过1.80 m(含1.80 m)。超过1.80 m的,采光井地坪标高视作该建筑的室外地坪标高。

6.3.7 本条保障性住房指廉租房、经济适用房、动迁安置房和公共租赁房等。

6.3.16 本条规定了建筑物高度计算方法。

1 本款规定了平屋面建筑高度计算方法:挑檐屋面自室外地面算至檐口(H_c)顶加上檐口挑出宽度(B),如图3所示;有女儿墙的屋面,自室外地面算至女儿墙顶(H),如图4所示。

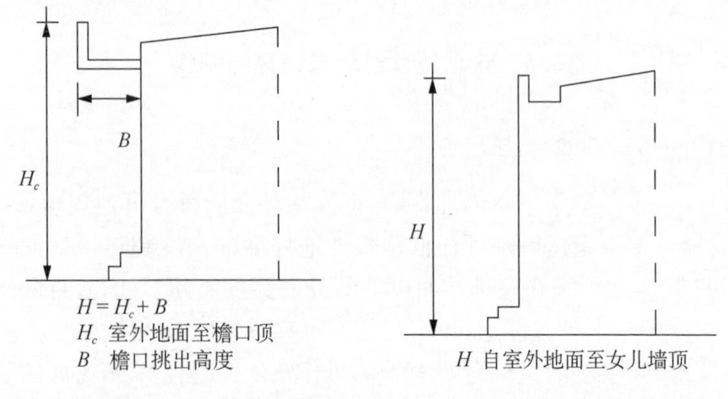

图 3　有挑檐的平屋面高度示例图　**图 4　有女儿墙的平屋面高度示例图**

2　本款规定了坡屋面建筑高度测量位置及计算方法：屋面坡度小于 45°（含 45°）的，自室外地面算至檐口顶（H_c）加上檐口挑出宽度（B），如图 5 所示；屋面坡度大于 45°的，自室外地面算至屋脊顶（H），如图 6 所示。

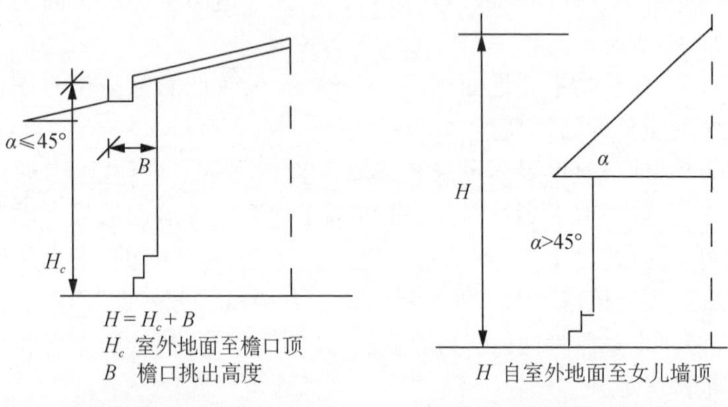

图 5　屋面坡度≤45°的坡屋面高度示例图　**图 6　屋面坡度＞45°的坡屋面高度示例图**

3　本款规定了当出屋面建（构）筑物（含附属设施）的水平投影面积之和超过该屋面水平面积的 1/8 时建筑高度测量位置及计算方法。

Ⅱ　房产面积计算与成果制作

6.3.32　房产面积计算应按照《上海市房产面积测算规范》。

1　房产面积的测算指水平面积的测算，房屋边长测量取水平距离。房屋边长以 m 为单位，取值 0.01 m；房产面积以 m^2 为单位，取值 0.01 m^2。

2　房屋建筑面积测算最大误差按公式(1)计算：

$$\Delta = 0.04\sqrt{S} + 0.002S \tag{1}$$

式中　Δ——房屋建筑面积误差的限差(m^2)；

S——房屋建筑面积(m^2)。

3　建筑面积按围护结构外围计算，包括围护结构面上的粉刷层、粘贴的墙砖层及粘贴的保温层。

4　建筑面积计算细则规定情形以外的房屋楼层中有竖直围护结构(如柱、墙)的不封闭部位按其水平面积一半计算建筑面积，而一层有竖直围护结构的不封闭部位按其水平面积全部计算建筑面积。

5　在计算房屋建筑面积时如遇房屋建筑面积计算详细规定以外的情形，其建筑面积应按建筑面积计算一般规定以及按照房屋建筑面积计算详细规定的要义计算。

Ⅲ　绿地面积计算与成果制作

6.3.37　绿地的面积计算应符合下列规定：

1　绿地下有地下空间的，应满足绿化种植的地下空间顶板标高低于地块周边道路地坪最高点标高 1.0 m 以下，地下空间顶板上覆土深度应当不低于 1.5 m(特殊项目方案审核时准许外)，以确保符合植物种植条件。

2　植草砖常见于停车区域等。消防登高面、消防通道等的位置大小以消防审批文件为准。

3 上部有挑出或连廊等凸出部分的建筑物，由于突出部分建筑物垂直投影线内的地面绿地已不露天，根据相关规定不得计入绿地面积，如图 7 所示。

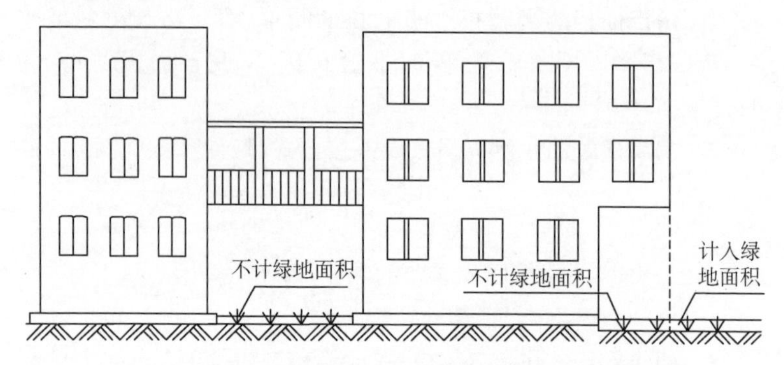

图 7 凸出部分的建筑物垂直投影线内的地面绿地示例图

4 根据《上海市绿化行政许可审核若干规定》(沪绿容规〔2018〕6 号)相关规定，集中绿地应当按照下列要求建设：

1）重要地区和主要景观道路两侧建设项目的集中绿地，应当沿道路一侧设置。

2）沿城市道路两侧的公共绿地或绿化隔离带，不在建筑基地范围内的，不得作为居住区集中绿地计算。

3）一个街区内的集中绿地可按规定的指标进行统一规划、统一设计、统一建设、综合平衡。在符合整个集中绿地指标的前提下，可不在每块建筑基地内平均分布。

5 屋顶绿化，是指以建(构)筑物顶部为载体，不与自然土层相连且高出地面 150 cm 以上，以植物材料为主体营建的一种立体绿化形式，一般可分为花园式、组合式和草坪式三种类型。公共建筑，是指面向公众、供人们进行各种公共活动的建筑实体。平屋顶，是指屋面坡度为小于 15°的平屋面。屋顶绿化面积，是指各个屋顶绿化面积的总和。建筑占地面积，是指建设项目基地范围内建筑占地总面积。

Ⅵ　消防计算与成果制作

6.3.45　消防测绘报告内容应符合下列要求：

1　测绘项目技术说明书、消防数据汇总表应分别填写相关测绘数据后出具。

2　消防总平面布置图应标注建设项目范围内实测的地形地物等要素，消防车道、消防车登高操作场地等消防要素的位置。

3　消防防火间距图应标注防火间距值，涵盖消防规范要求的最小值或设计值与实测的间距值。

4　建筑物立面图应标注每一个建筑物的建筑消防高度及消防救援口的位置、尺寸、间距。

8 成果检查验收与提交

8.3 成果资料提交

8.3.1 本条规定了成果资料提交的具体内容。原始观测数据包括 RTK 观测数据、水准观测数据、全站仪碎部点观测数据以及建(构)筑物的边长、间距、高度观测记录等,如果采用激光扫描、倾斜摄影等方法,须提供激光点云数据、倾斜模型数据等;客户提供的相关资料包括国有土地有偿使用合同或国有土地划拨决定书,政府部门出具的各类批准文件和证明文件,经审批部门核准的建设工程总平面图、分层平面图、立面图、剖面图等,涉及房产测绘的还须提供满足收件要求的相应资料。